Le guide officiel
du débutant Raspberry Pi,
5ème édition

Le guide officiel du débutant Raspberry Pi

par Gareth Halfacree

ISBN : 978-1-912047-38-3

Copyright © 2024 Gareth Halfacree

Imprimé au Royaume-Uni

Publié par Raspberry Pi, Ltd., 194 Science Park, Cambridge, CB4 0AB

Rédacteurs en chef : Brian Jepson, Liz Upton, Brigitte Bailleul

Traducteur : Alpha CRC

Maquettiste : Sara Parodi

Productrice : Nellie McKesson

Photographe : Brian O'Halloran

Illustrateur : Sam Alder

Conceptrice graphique : Natalie Turner

Directeur de la publication : Brian Jepson

Responsable de la conception : Jack Willis

PDG : Eben Upton

April 2024 : 5ème édition

Novembre 2020 : 4ème édition

Novembre 2019 : 3ème édition

Juin 2019 : 2ème édition

Novembre 2018 : 1ère édition

Table des matières

Chapitre 1

Voici ton nouvel ordinateur de la taille d'une carte de crédit. Profite de cette présentation détaillée du Raspberry Pi pour découvrir son fonctionnement ainsi que quelques-unes des choses surprenantes qu'il te permettra de réaliser.

Chapitre 2

Découvre quels sont les éléments essentiels dont ton Raspberry Pi a besoin, et comment les connecter, afin de le configurer et de le faire fonctionner de manière optimale.

Chapitre 3

Tout savoir sur le système d'exploitation du Raspberry Pi.

Chapitre 4

Apprends à coder en utilisant Scratch, un langage de programmation par blocs.

Chapitre 5

Maintenant que tu t'es familiarisé avec Scratch, nous allons passer au codage en utilisant le langage Python.

Chapitre 6

Le codage ne se limite pas à réaliser des projets sur un écran : tu pourras également contrôler des composants électroniques rattachés aux broches du connecteur GPIO de ton Raspberry Pi.

Annexes

Bienvenue

Nous espérons que tu apprécieras utiliser ton Raspberry Pi. Quel que soit le modèle que tu possèdes (une carte Raspberry Pi standard, le Raspberry Pi Zero 2 W compact ou le Raspberry Pi 400 avec clavier intégré), cet ordinateur abordable peut être utilisé pour apprendre à coder, construire des robots et créer toutes sortes de projets à la fois bizarres et merveilleux.

Raspberry Pi est capable de faire tout ce que l'on peut attendre d'un ordinateur : naviguer sur Internet, jouer à des jeux, regarder des films et écouter de la musique. Mais ton Raspberry Pi est bien plus qu'un simple ordinateur moderne.

Avec un Raspberry Pi, tu peux pénétrer au cœur même d'un ordinateur. Tu peux configurer ton propre système d'exploitation et connecter des fils et des montages électroniques directement aux broches du connecteur GPIO. Il a été conçu pour enseigner aux jeunes comment programmer dans des langages comme Scratch et Python, et tous les principaux langages de programmation sont inclus dans le système d'exploitation officiel. Avec Raspberry Pi Pico, tu peux créer des projets discrets et à faible consommation qui interagissent avec le monde physique.

Plus que jamais, le monde a besoin de programmeurs, et Raspberry Pi a contribué à éveiller la passion de l'informatique et de la technologie auprès d'une nouvelle génération.

Avec Raspberry Pi, des personnes de tous âges créent des projets passionnants, qui vont des consoles de jeu rétro aux stations météo connectées à Internet.

Que tu rêves de créer des jeux, de construire des robots ou de réaliser tes projets les plus étonnants, ce guide t'aide à partir du bon pied.

Tu trouveras des exemples de code et d'autres informations concernant ce guide, y compris les erreurs et leurs corrections, dans son dépôt GitHub sur **rptl.io/bg-resources**. Si tu as trouvé ce qui te semble être une erreur dans le guide, n'hésite pas à nous en informer en utilisant notre formulaire de soumission d'erreurs à l'adresse **rptl.io/bg-errata**.

À propos de l'auteur

Gareth Halfacree est un journaliste indépendant spécialisé en technologie, écrivain et ancien informaticien dans le secteur de l'éducation. Passionné par les logiciels et le matériel open source, il a été l'un des premiers à adopter la plateforme Raspberry Pi et a publié plusieurs ouvrages sur les capacités et la flexibilité de cette dernière. On peut le suivre sur Mastodon sous le nom de **@ghalfacree@mastodon.social** ou sur son propre site web à l'adresse **freelance.halfacree.co.uk**.

Colophon

Raspberry Pi est un moyen abordable de faire quelque chose d'utile, ou quelque chose d'amusant.

Depuis le début du projet Raspberry Pi, démocratiser la technologie et faciliter l'accès aux outils ont été nos principales motivations. En faisant baisser le coût de l'informatique générale à moins de 5 dollars, nous avons permis à chacun d'utiliser des ordinateurs pour des projets qui nécessitaient auparavant des montants prohibitifs. Aujourd'hui, grâce à la suppression des barrières à l'entrée, les ordinateurs Raspberry Pi sont utilisés partout, depuis les expositions interactives dans les musées et les écoles jusqu'aux bureaux de tri postal nationaux en passant par les centres d'appel gouvernementaux. Dans le monde entier, des entreprises nées sur un coin de table ont pu se développer et réussir, là où il était auparavant impossible d'intégrer de la technologie sans dépenser des sommes considérables en ordinateurs portables et en PC.

Raspberry Pi débarrasse toutes les catégories démographiques du coût d'entrée élevé de l'informatique, tant les enfants qui peuvent bénéficier d'une éducation informatique qui ne leur était jusque-là pas accessible, que de nombreux adultes qui avaient été écartés de l'utilisation des ordinateurs, que ce soit à des fins professionnelles, mais aussi ludiques ou créatives. Raspberry Pi ouvre les barrières.

Raspberry Pi Press

store.rpipress.cc

Raspberry Pi Press est ta bibliothèque de référence pour l'informatique, les jeux et les réalisations pratiques. Nous sommes la maison d'édition de Raspberry Pi Ltd, qui fait partie de la Fondation Raspberry Pi. De la construction d'un PC à celle d'un coffret, approfondis tes connaissances sur ta passion, découvre de nouvelles techniques et réalise des choses impressionnantes grâce à notre vaste gamme de guides et de magazines.

Magazine MagPi

magpi.raspberrypi.com

The MagPi est le magazine officiel de Raspberry Pi. Rédigé pour la communauté Raspberry Pi, il regorge de projets liés à Pi, de tutoriels informatiques et électroniques, de guides pratiques, et présente également les dernières informations et événements concernant la communauté.

Magazine HackSpace

hackspace.raspberrypi.com

HackSpace est rempli de projets destinés aux réparateurs et aux bricoleurs de tous niveaux. Nous t'apprendrons de nouvelles techniques et te proposerons des rappels concernant des techniques familières : de l'impression 3D à la découpe au laser ou encore du travail du bois à l'électronique, en passant par l'Internet des objets. *HackSpace* te donnera envie de rêver plus grand et de mieux construire.

Chapitre 1

Premiers pas avec le Raspberry Pi

Voici ton nouvel ordinateur de la taille d'une carte de crédit. Profite de cette présentation détaillée du Raspberry Pi pour découvrir son fonctionnement ainsi que quelques-unes des choses surprenantes qu'il te permettra de réaliser.

Raspberry Pi est un appareil remarquable : il s'agit d'un ordinateur entièrement fonctionnel contenu dans un tout petit emballage peu coûteux. Que tu recherches un appareil pour naviguer sur le Web ou pour jouer, que tu souhaites apprendre à écrire tes propres programmes ou que tu cherches à créer tes propres circuits et périphériques physiques, Raspberry Pi et sa merveilleuse communauté seront à tes côtés pour t'épauler.

Raspberry Pi est ce qu'on appelle un *ordinateur monocarte*, qui signifie exactement ce que son nom indique : il s'agit d'un ordinateur, identique à n'importe quel autre ordinateur de bureau, ordinateur portable ou smartphone, mais construit sur une seule *carte de circuit imprimé*. Comme la plupart des ordinateurs monocarte, Raspberry Pi est petit, à peu près de la taille d'une carte de crédit, ce qui ne veut pas dire qu'il n'est pas puissant : un Raspberry Pi dispose des mêmes capacités qu'un ordinateur plus grand et plus gourmand en énergie.

La famille Raspberry Pi est née du désir de favoriser une éducation informatique privilégiant la pratique dans le monde entier. Ses créateurs, qui ont donné ensemble naissance à la Fondation Raspberry Pi, à but non lucratif, étaient loin de se douter de l'ampleur de l'aventure : les quelques milliers d'appareils fabriqués en 2012 en guise d'essai ont immédiatement été vendus, et plus de cinquante millions d'exemplaires ont été expédiés dans le monde entier au cours des années qui ont suivi. Ces cartes ont trouvé place dans les maisons, les salles de classe, les bureaux, les centres de données, les usines, voire dans les bateaux autopilotés et les satellites.

Depuis le Model B d'origine, différents modèles ont vu le jour, chacun apportant soit des améliorations, soit des caractéristiques spécifiques pour certaines utilisations particulières. La gamme Raspberry Pi Zero, par exemple, est une version miniature du Raspberry Pi à quelques fonctionnalités près (elle ne dispose par exemple pas de plusieurs ports USB nide port réseau), au profit d'un encombrement nettement réduit et de besoins en énergie moindres.

Tous les modèles Raspberry Pi partagent cependant une caractéristique commune : ils sont tous *compatibles*, ce qui signifie que la plupart des logiciels conçus pour un modèle donné fonctionneront sur tous les autres modèles. Il est par ailleurs possible d'installer la toute dernière version du système d'exploitation Raspberry Pi sur un prototype original de pré-lancement du Model B. Il sera certes plus lent, mais il fonctionnera quand même.

Tout au long de ce guide, tu découvriras le Raspberry Pi 4 Model B, le Raspberry Pi 5, le Raspberry Pi 400 et le Raspberry Pi Zero 2 W qui sont les versions les plus récentes et les plus puissantes du Raspberry Pi. Néanmoins, tout ce que tu vas apprendre peut facilement être appliqué à d'autres modèles de la famille Raspberry Pi.

RASPBERRY PI 400

Si tu possèdes un Raspberry Pi 400, la carte électronique est intégrée dans le boîtier du clavier. Continue ta lecture pour découvrir tous les composants qui permettent de donner vie à ton Raspberry Pi, ou passe à «Raspberry Pi 400» à la page 10 pour explorer plus en détail ton appareil.

RASPBERRY PI ZERO 2 W

Si tu possèdes un Raspberry Pi Zero 2 W, certains de ses ports et composants changent par rapport à ceux du Raspberry Pi 5. Passe à «Raspberry Pi Zero 2 W» à la page 12 pour en savoir plus sur ton appareil.

Présentation détaillée du Raspberry Pi

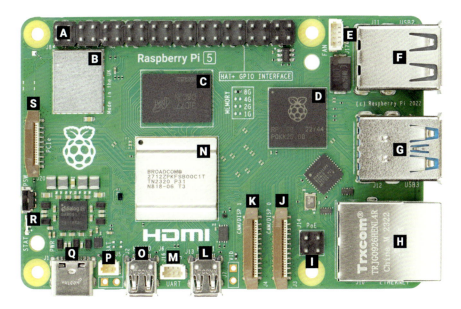

Figure 1-1   Raspberry Pi 5

A Connecteur GPIO

B Réseau sans fil

C RAM

D Puce de contrôleur E/S RP1

E Connecteur pour le ventilateur

F USB 2.0

G USB 3.0

H Port réseau (Ethernet)

I Broches Power-over-Ethernet

J Port caméra/affichage CSI/DSI 0

K Port caméra/affichage CSI/DSI 1

L Micro HDMI 1

M Connecteur le port série UART

N Système sur puce

O Micro HDMI 0

P Connecteur la batterie RTC

Q Alimentation USB Type-C

R Bouton d'alimentation

S Connecteur PCI Express (PCIe)

Figure 1-1 montre un Raspberry Pi 5 vu du dessus. Si tu utilises un Raspberry Pi pendant la lecture de ce guide, essaie de le positionner de la même façon que sur les images qui te seront présentées. Cela te permettra d'éviter certaines confusions, par exemple concernant l'utilisation du connecteur GPIO (voir Chapitre 6, *L'informatique physique avec Scratch et Python*).

Contrairement à un ordinateur traditionnel, dont les circuits internes sont cachés dans un boîtier, tous les composants, ports et fonctionnalités du Raspberry Pi standard sont bien visibles, même si tu peux lui acheter un boîtier pour assurer une protection supplémentaire si tu le souhaites. Il s'agit donc d'un outil idéal pour comprendre quel est le rôle des différentes parties d'un ordinateur, ainsi que pour se familiariser avec le branchement des différents éléments, désignés par le terme de *périphériques*, lorsque tu en as besoin.

Même si cela donne une impression de surcharge pour une si petite carte, dans les faits le fonctionnement du Raspberry Pi est très simple à comprendre, à commencer par ses *composants*, les parties internes qui en assurent le fonctionnement.

Composants du Raspberry Pi

Comme n'importe quel ordinateur, un Raspberry Pi est composé de nombreux éléments, chacun remplissant une fonction bien définie nécessaire à son fonctionnement. Le premier, et sans doute le plus important, se trouve juste à gauche du point central de la carte (**Figure 1-2**), et il est coiffé d'une protection métallique : c'est le *système sur puce*.

Le terme « système sur puce » (system-on-chip, ou *SoC*, en anglais) est un bon indicateur de ce qui se cache en dessous de la partie métallique : une puce en silicium, appelée *circuit intégré,* qui contient l'essentiel du système du Raspberry Pi. Elle comprend l'*unité centrale de traitement* (CPU), généralement considérée comme le « cerveau » d'un ordinateur, et l'*unité de traitement graphique* (GPU), qui gère le rendu visuel que peut offrir l'appareil.

Malgré tout, un cerveau n'est rien sans sa mémoire, et c'est exactement ce que tu trouveras juste au-dessus du SoC : une petite puce rectangulaire noire recouverte de plastique (**Figure 1-3**). Il s'agit de la *mémoire vive (RAM)* du Raspberry Pi. Lorsque tu travailles sur ton Raspberry Pi, c'est la mémoire vive qui stocke ce que tu es en train de faire. L'opération d'enregistrement de ton travail déplace ces données vers le stockage permanent de la carte microSD. Ensemble, ces composants forment la mémoire *volatile* et *non volatile* du Raspberry Pi : la RAM volatile oublie son contenu chaque fois que Raspberry Pi s'éteint, tandis que la carte microSD non volatile garde son contenu.

Figure 1-2
Le système sur puce d'un Raspberry Pi (SoC)

Figure 1-3
La mémoire vive (RAM) d'un Raspberry Pi

Sur la partie supérieure droite de la carte, tu trouveras une autre protection métallique (**Figure 1-4**) qui recouvre la *radio*, le composant qui donne à Raspberry Pi la capacité de communiquer sans fil avec d'autres appareils. Techniquement, la radio elle-même remplit le rôle de deux autres composants communs : la *radio WiFi*, qui se connecte aux réseaux informatiques, et la *radio Bluetooth*, qui se connecte aux périphériques comme les souris et envoie ou reçoit des données des appareils intelligents situés à proximité, comme les capteurs ou les smartphones.

Une autre puce noire, recouverte de plastique et portant le logo Raspberry Pi, se trouve sur la droite de la carte, près des ports USB (**Figure 1-5**). Il s'agit de *RP1*, un contrôleur d'entrée/sortie (E/S) personnalisé qui communique avec les quatre ports USB, le port Ethernet et la plupart des interfaces à bas débit vers d'autres équipements.

Figure 1-4
Module radio d'un Raspberry Pi

Figure 1-5
Puce de contrôleur RP1 d'un Raspberry Pi

Une autre puce noire, plus petite que les autres, se trouve un peu au-dessus du connecteur d'alimentation USB C, en bas à gauche de la carte (**Figure 1-6**). C'est ce qu'on appelle un *circuit intégré de gestion de l'alimentation* (*PMIC*). Il prend l'énergie provenant du port USB C et la transforme en énergie dont ton Raspberry Pi a besoin pour fonctionner.

La dernière puce noire, située en dessous de RP1 et positionnée dans un angle, aide le RP1 à gérer le port Ethernet du Raspberry Pi. Elle fournit ce que l'on appelle un *PHY Ethernet*, c'est-à-dire l'interface *physique* qui se trouve entre le port Ethernet lui-même et le contrôleur Ethernet dans la puce RP1.

Figure 1-6
Le circuit intégré de gestion de l'alimentation d'un Raspberry Pi (PMIC)

Si tout cela te semble un peu trop compliqué, pas d'inquiétude : tu n'as pas besoin de savoir quel est le rôle de chaque composant ni sa position sur la carte pour utiliser Raspberry Pi.

Les ports du Raspberry Pi

Le Raspberry Pi dispose d'une série de ports, à commencer par quatre *ports USB* (**Figure 1-7**), situés au milieu et en haut du bord droit. Ces ports te permettent de connecter n'importe quel périphérique compatible USB – comme les claviers, les souris, les appareils photo numériques et les lecteurs flash – à ton Raspberry Pi. Techniquement parlant, il existe deux types de ports USB sur le Raspberry Pi, chacun se rapportant à une norme USB différente : ceux dont l'intérieur est en plastique noir sont des ports USB 2.0 et ceux dont l'intérieur est en plastique bleu sont des ports USB 3.0, de technologie plus récente et plus rapides.

À côté des ports USB se trouve un *port Ethernet*, également désigné par le terme *port réseau* (**Figure 1-8**). Ce port te permettra de connecter ton Raspberry Pi à un réseau informatique câblé à l'aide d'un câble muni d'un connecteur RJ45. Si tu regardes attentivement le port Ethernet, tu peux voir deux diodes électroluminescentes (DEL, ou LED en anglais) sur la partie inférieure. Il s'agit de voyants d'état qui, lorsqu'ils sont allumés ou qu'ils clignotent, te confirment que la connexion fonctionne bien.

Figure 1-7
Les ports USB d'un Raspberry Pi

Figure 1-8
Port Ethernet d'un Raspberry Pi

Juste à gauche du port Ethernet, sur le bord inférieur du Raspberry Pi, se trouve un *connecteur PoE* (*Power over Ethernet*) (**Figure 1-9**). Ce connecteur, lorsqu'il est associé au Raspberry Pi 5 PoE+ HAT (*Hardware Attached on Top en anglais*), une carte d'extension spéciale conçue pour Raspberry Pi, et à un commutateur réseau PoE approprié, te permet d'alimenter Raspberry Pi à partir de son port Ethernet sans avoir à brancher quoi que ce soit au connecteur USB Type-C. Le même connecteur est également disponible sur le Raspberry Pi 4, mais à un autre endroit, car le Raspberry Pi 4 et le Raspberry Pi 5 utilisent des HAT différents pour la prise en charge du PoE.

Juste à gauche du connecteur PoE se trouvent deux connecteurs d'apparence étrange avec des rabats en plastique que tu peux tirer vers le haut : il s'agit des *connecteurs de caméra et d'affichage*, également connus sous le nom de *Camera Serial Interface* (*interface série pour caméra — CSI*) et *Display Serial Interface* (*DSI*) (**Figure 1-10**).

Figure 1-9
Connecteur PoE d'un Raspberry Pi

Figure 1-10
Les connecteurs caméra et l'affichage d'un Raspberry Pi

Tu peux utiliser ces connecteurs pour brancher un écran compatible DSI comme l'écran tactile Raspberry Pi ou la famille spécialement conçue de modules caméra du Raspberry Pi (voir **Figure 1-11**). Tu en découvriras davantage sur les modules de caméra dans le Chapitre 8, *Module de caméra du Raspberry Pi*. Chaque port peut servir d'entrée de caméra ou de sortie d'affichage, ce qui te permet d'avoir deux caméras CSI, deux écrans DSI, ou une caméra CSI et un écran DSI fonctionnant sur un seul Raspberry Pi 5.

À gauche des ports caméra et d'affichage, toujours sur le bord inférieur de la carte, se trouvent les *ports micro HDMI* (*interface multimédia haute définition*, ou *High-Definition Multimedia Interface* en *anglais*) qui sont des versions plus petites des connecteurs que l'on trouve sur une console de jeux, un décodeur ou un téléviseur (**Figure 1-12**). L'aspect multimédia correspond au fait qu'ils transmettent à la fois des signaux audio et vidéo, tandis que le terme de « haute définition » est un indicateur de l'excellente qualité de ces deux types de signal. Utilise ces ports micro HDMI pour connecter ton Raspberry Pi à un ou deux dispositifs d'affichage, comme par exemple un moniteur d'ordinateur, un écran de télévision ou un projecteur.

Figure 1-11
Module caméra d'un Raspberry Pi

Figure 1-12
Ports micro HDMI d'un Raspberry Pi

Entre les deux ports micro HDMI se trouve un petit connecteur appelé « UART », qui permet d'accéder à un *Port série UART* (*récepteur-émetteur asynchrone universel*, ou *Universal Asynchronous Receiver-Transmitter* en anglais). Ce guide n'aborde pas l'utilisation de ce port, mais tu pourras en avoir besoin à l'avenir pour communiquer avec un projet plus complexe, ou le dépanner.

À gauche des ports micro HDMI se trouve un autre petit connecteur nommé « BAT », où tu peux connecter une petite batterie pour assurer le fonctionnement de l'*horloge en temps réel (RTC)* du Raspberry Pi, même lorsque celui-ci est déconnecté de son alimentation. Tu n'as pas besoin de brancher une batterie pour utiliser le Raspberry Pi, puisqu'il met automatiquement son horloge à jour lorsqu'il est allumé, à condition qu'il ait accès à internet.

En bas à gauche de la carte se trouve un *port d'alimentation USB C* (**Figure 1-13**), qui sert à alimenter le Raspberry Pi à l'aide d'une alimentation USB C compatible. Les smartphones, tablettes et autres appareils portables sont généralement dotés d'un port USB de type C. Si tu peux tout à fait utiliser un chargeur mobile standard pour alimenter ton Raspberry Pi, nous te conseillons d'utiliser l'alimentation officielle Raspberry Pi USB-C pour profiter de meilleurs résultats : des changements soudains des besoins en énergie peuvent survenir lorsque ton Raspberry Pi travaille très dur et l'alimentation officielle y fait mieux face.

Sur le bord gauche de la carte se trouve un petit bouton tourné vers l'extérieur. Il s'agit du nouveau *bouton d'alimentation* du Raspberry Pi 5, qui te permet d'éteindre ton appareil en toute sécurité lorsque tu n'en as plus besoin. Ce bouton n'est pas disponible sur le Raspberry Pi 4 ou les cartes plus anciennes.

Au-dessus du bouton d'alimentation se trouve un autre connecteur qui, à première vue, ressemble à une version plus petite des connecteurs CSI et DSI (**Figure 1-14**). Ce connecteur d'apparence familière se connecte au *bus PCI Express* (*PCIe*) du Raspberry Pi : une interface à grande vitesse destinée à du matériel complémentaire comme les SSD (disque statique à semi-conducteurs, ou « *Solid-State Disk* » en anglais). Pour utiliser le bus PCIe, tu auras besoin du module complémentaire Raspberry Pi PCIe HAT afin de convertir ce connecteur compact en un *connecteur PCIe standard M.2*. Tu n'as cependant pas besoin du HAT pour utiliser pleinement le Raspberry Pi, tu peux donc faire comme si ce connecteur n'existait pas tant que tu n'en as pas besoin.

Figure 1-13
Port d'alimentation USB de type C d'un
Raspberry Pi

Figure 1-14
Connecteur PCI Express d'un Raspberry Pi

Sur le bord supérieur de la carte se trouvent 40 broches métalliques, réparties en deux rangées de 20 broches (**Figure 1-15**). Elles composent le *connecteur GPIO* (*General Purpose Input/Output*, ou *entrée-sortie à usage général*), une fonctionnalité importante du Raspberry Pi, qui lui permet de communiquer avec du matériel supplémentaire, comme des LED, des boutons ou même des capteurs de température, des joysticks ou des moniteurs de pouls. Tu en découvriras davantage sur le connecteur GPIO dans le Chapitre 6, *L'informatique physique avec Scratch et Python*.

Ton appareil Raspberry Pi possède un tout dernier port, mais tu dois retourner la carte pour pouvoir le voir. Sous la carte, tu trouveras un *connecteur pour carte microSD* situé presque exactement sous le connecteur « PCIe » de la face supérieure (**Figure 1-16**). Ce connecteur sert de stockage pour le Raspberry Pi : la carte microSD insérée ici contient tous les fichiers que tu enregistres, tous les logiciels que tu installes, ainsi que le système d'exploitation qui assure le fonctionnement du Raspberry Pi. Tu peux aussi faire fonctionner ton Raspberry Pi sans carte microSD en chargeant son logiciel via le réseau, à partir d'une clé USB ou d'un SSD M.2. Dans ce guide, nous allons nous cantonner au plus simple et nous concentrer sur l'utilisation d'une carte microSD comme périphérique de stockage principal.

Figure 1-15
Connecteur GPIO d'un Raspberry Pi

Figure 1-16
Connecteur de carte microSD d'un Raspberry Pi

Raspberry Pi 400

Le Raspberry Pi 400 utilise les mêmes composants que le Raspberry Pi 4, notamment le système sur puce et la mémoire, mais ils sont placés pour ta convenance dans un boîtier en forme de clavier. En plus de protéger les composants électroniques, ce boîtier prend moins de place sur ton bureau et facilite le branchement ordonné des câbles.

S'il est difficile de voir les composants internes, il est en revanche possible de voir les éléments externes, à commencer par le clavier lui-même (**Figure 1-17**). Dans le coin supérieur droit se trouvent trois diodes électroluminescentes (LED) : la première s'allume quand tu appuies sur la touche **Verr Num**, qui octroie à certaines touches les fonctions du pavé numérique que l'on peut retrouver sur un clavier de taille standard ; la deuxième s'allume lorsque tu appuies sur la touche **Verr Maj**, qui te permet d'écrire en majuscules plutôt qu'en minuscules ; la dernière s'allume lorsque le Raspberry Pi 400 est lui-même allumé.

Figure 1-17 Le modèle Raspberry Pi 400 possède un clavier intégré

Les ports se trouvent à l'arrière du Raspberry Pi 400 (**Figure 1-18**). Le port le plus à gauche est le connecteur GPIO. C'est ce même connecteur qui est présenté sur **Figure 1-15**, mais inversé : la première broche, la broche 1, se trouve en haut à droite, tandis que la dernière broche, la broche 40, se trouve en bas à gauche. Pour en savoir plus sur le connecteur GPIO, reporte-toi au Chapitre 6, *L'informatique physique avec Scratch et Python*.

Figure 1-18 Les ports se trouvent à l'arrière du Raspberry Pi 400

La fente pour insertion de la carte microSD est placée juste à côté du connecteur GPIO. Tout comme l'emplacement situé sous le Raspberry Pi 5, il accueille la carte microSD qui sert à stocker le système d'exploitation, les applications et les autres données du Raspberry Pi 400. Une carte microSD est préinstallée dans le Kit Raspberry Pi 400. Pour la retirer, appuie doucement sur la carte jusqu'à ce qu'elle émette un clic et se déverrouille, puis retire-la complètement. Lorsque tu veux remettre la carte en place, vérifie que les contacts métalliques brillants sont tournés vers le dessous du clavier. Pousse la carte doucement jusqu'à ce qu'elle émette un clic, ce qui te confirme qu'elle est correctement installée.

Les deux ports suivants sont des ports micro HDMI, utilisés pour connecter un moniteur, un téléviseur ou un autre écran. Tout comme le Raspberry Pi 4 et le Raspberry Pi 5, le Raspberry Pi 400 prend en charge jusqu'à deux écrans HDMI. Tu trouveras à côté le port d'alimentation USB C, qui sert à connecter un bloc d'alimentation officiel Raspberry Pi ou tout autre bloc d'alimentation USB C compatible.

Les deux ports bleus sont des ports USB 3.0, qui permettent une connexion à haut débit à des appareils tels que des disques durs, des clés USB, des imprimantes, etc. Le port blanc à leur droite est un port USB 2.0 à vitesse réduite, que tu peux utiliser pour la souris Raspberry Pi fournie avec le Kit Raspberry Pi 400.

Le dernier port est un port réseau Ethernet gigabit, qui sert à connecter le Raspberry Pi 400 à ton réseau à l'aide d'un câble RJ45 sans avoir à utiliser la radio WiFi intégrée de l'appareil. Nous reviendrons sur la connexion de ton Raspberry Pi 400 à un réseau dans le Chapitre 2, *Prise en main de ton Raspberry Pi*.

Raspberry Pi Zero 2 W

Le Raspberry Pi Zero 2 W (**Figure 1-19**) t'offre la plupart des fonctionnalités que possèdent les autres modèles de la famille Raspberry Pi, mais il est de conception beaucoup plus compacte. Il est moins cher et moins gourmand en énergie, mais il ne dispose pas de certains des ports que l'on trouve sur les modèles plus grands.

Contrairement aux modèles Raspberry Pi 5 et Raspberry Pi 400, le Raspberry Pi Zero 2 W n'a pas de port Ethernet. Bien sûr, tu peux toujours le connecter à un réseau, mais uniquement à l'aide d'une connexion WiFi. Tu en découvriras davantage sur la connexion du Raspberry Pi Zero 2 W à un réseau dans le Chapitre 2, *Prise en main de ton Raspberry Pi*.

Tu devrais également remarquer une différence au niveau du système sur puce : il est noir au lieu d'être argenté et il n'y a pas de puce de mémoire vive distincte visible. En effet, les deux parties, SoC et RAM, sont combinées sur une seule puce, gravée d'un logo Raspberry Pi, et placée à peu près au milieu de la carte.

Figure 1-19 Raspberry Pi Zero 2 W

À l'extrême gauche de la carte se trouve l'habituel emplacement de carte microSD pour le stockage, et en dessous se trouve un port mini HDMI pour la vidéo et l'audio. Contrairement aux Raspberry Pi 5 et Raspberry Pi 400, le Raspberry Pi Zero 2 W ne prend en charge qu'un seul écran.

Sur la droite se trouvent deux ports micro-USB : le port de gauche, marqué « USB », est un port USB dit OTG (On-The-Go en anglais) compatible avec les adaptateurs OTG permettant de connecter des claviers, des souris, des hubs USB ou d'autres périphériques ; le port de droite, marqué « PWR IN », est le connecteur d'alimentation. Tu ne peux pas utiliser une alimentation conçue pour Raspberry Pi 4 ou Raspberry Pi 400 avec le Raspberry Pi Zero 2 W, car ils utilisent des connecteurs différents.

Tout à droite de la carte se trouve un connecteur de caméra (CSI), que tu peux utiliser pour connecter un module caméra Raspberry Pi. Tu en découvriras davantage à ce sujet dans le Chapitre 8, *Module de caméra du Raspberry Pi*.

Enfin, le Raspberry Pi Zero 2 W possède comme les autres modèles plus grands un emplacement pour un connecteur d'entrée/sortie à usage général (GPIO) à 40 broches, mais il est livré *sans connecteur*. Cela signifie que les broches ne sont pas en place. Si tu souhaites utiliser le connecteur GPIO, tu devras souder une *barrette* 2 × 20 2,54 mm sur l'emplacement prévu, ou acheter une Raspberry Pi Zero 2, qui comporte une barrette déjà soudée.

Chapitre 2

Prise en main de ton Raspberry Pi

Découvre quels sont les éléments essentiels dont ton Raspberry Pi a besoin, et comment les connecter, afin de le configurer et de le faire fonctionner de manière optimale.

Raspberry Pi a été conçu pour être aussi rapide et simple d'installation et d'utilisation que possible, mais, comme tout ordinateur, il dépend d'autres composants externes, appelés *périphériques*. En observant la carte électronique de ton Raspberry Pi, qui ne ressemble à aucun des ordinateurs que tu as l'habitude de voir, tu pourrais être tenté de t'inquiéter et de te dire que les choses vont forcément se corser. Pas de panique, il n'en est rien. Ton Raspberry Pi peut être parfaitement opérationnel en moins de dix minutes en suivant simplement les étapes décrites dans ce guide.

Si tu as reçu ce guide dans un Desktop Kit Raspberry Pi ou avec un Raspberry Pi 400, tu possèdes déjà presque tout le nécessaire pour te lancer. Tout ce dont tu as besoin, c'est d'un écran d'ordinateur ou d'une télévision dotée d'une connexion HDMI (le même type de connecteur utilisé par les décodeurs, les lecteurs Blu-ray et les consoles de jeux) pour pouvoir voir ce que fait ton Raspberry Pi.

Si ton Raspberry Pi n'est doté d'aucun accessoire, tu dois donc te procurer également :

▸ **Une alimentation USB** : une alimentation 5 V de 5 ampères (5A) avec un connecteur USB C pour le Raspberry Pi 5, une alimentation 5 V de 3 ampères (3A) avec un connecteur USB C pour le Raspberry Pi 4 Model B ou le Raspberry Pi 400, ou une alimentation 5 V de 2,5 ampères (2,5A) avec un connecteur micro USB pour le Raspberry Pi Zero 2 W.

taires et d'autres matériels supplémentaires ; au pire, cela pourrait provoquer un court-circuit qui endommagera ton Raspberry Pi.

Si tu ne l'as pas encore fait, consulte le Chapitre 1, *Premiers pas avec le Raspberry Pi* pour savoir exactement où se trouvent les différents ports et la fonction de chacun.

Assemblage du boîtier du Raspberry Pi

Si tu installes Raspberry Pi dans un boîtier, effectue cette étape en premier. Si tu utilises un boîtier officiel de Raspberry Pi, commence par le séparer en trois parties distinctes : le socle (rouge), le cadre et l'ensemble ventilateur, et le couvercle (blanc).

Prends le socle et tiens-le de sorte que l'extrémité surélevée soit sur ta gauche et l'extrémité plate sur ta droite.

Tiens ton Raspberry Pi 5, sans carte microSD insérée, par ses ports USB et Ethernet, en l'inclinant légèrement. Abaisse doucement l'autre côté de ton Raspberry Pi 5 dans le socle, pour qu'il ressemble à la **Figure 2-5**. Tu dois sentir et entendre un clic lorsque tu le places à plat dans le socle.

INSTALLATION DE L'ENSEMBLE VENTILATEUR

Le ventilateur devrait être livré déjà inséré dans l'ensemble ventilateur, et ce dernier inséré dans son cadre lorsque tu le déballes. Si ce n'est pas le cas, tu peux insérer les trois parties les unes dans les autres (voir **Figure 2-7**).

Ensuite, branche le connecteur JST blanc du ventilateur dans la prise du ventilateur sur le Raspberry Pi 5, comme indiqué dans la **Figure 2-6**. Il ne se branche que dans un sens, aucun risque que tu le connectes à l'envers par erreur.

Figure 2-5
Le Raspberry Pi 5 installé dans son boîtier

Figure 2-6
Branchement du connecteur du ventilateur

Place l'ensemble ventilateur et le cadre dans la position indiquée dans la **Figure 2-7,** et pousse doucement vers le bas jusqu'à ce que tu entendes un clic.

Si tu souhaites fermer le boîtier, prends le couvercle blanc optionnel et positionne-le de manière à ce que le logo Raspberry Pi se situe au-dessus des connecteurs USB et Ethernet du Raspberry Pi 5, comme le montre la **Figure 2-8.** Pour le fixer, appuie doucement sur le milieu du couvercle jusqu'à ce que tu entendes un clic.

Figure 2-7
Fixation de l'ensemble ventilateur et du cadre

Figure 2-8
Placement du couvercle sur le dessus du boîtier

MODULES HAT ET COUVERCLES

Pour installer un HAT (Hardware Attached on Top en anglais) directement sur le dessus du Raspberry Pi 5, tu dois soit retirer le ventilateur, soit placer le HAT au-dessus de l'ensemble et du cadre du ventilateur au moyen d'entretoises de 14 mm de diamètre et d'une carte d'extension GPIO de 19 mm. Ces articles sont disponibles séparément auprès des revendeurs agréés.

Assemblage du boîtier du Raspberry Pi Zero

Si tu souhaites installer Raspberry Pi Zero 2 W dans un boîtier, c'est la première chose à faire. Si tu utilises le boîtier officiel du Raspberry Pi Zero, déballe-le dans un premier temps. Tu dois normalement avoir quatre pièces : un socle rouge et trois couvercles blancs.

S'il s'agit d'un Raspberry Pi Zero 2, tu dois utiliser le couvercle plein. Si tu comptes utiliser le connecteur GPIO, au sujet duquel tu en apprendras davantage dans le Chapitre 6, *L'informatique physique avec Scratch et Python*, choisis le couvercle percé d'un long trou rectangulaire. Si tu possèdes un module caméra 1 ou 2, choisis le couvercle avec le trou circulaire.

Le module caméra 3 et le module caméra haute qualité (HQ) ne sont pas compatibles avec le couvercle de la caméra inclus dans le boîtier du Raspberry Pi Zero et doivent être utilisés à l'extérieur du boîtier. Une découpe à l'extrémité du boîtier Raspberry Pi Zero est destinée au câble de la caméra.

Prends le socle et place-le à plat sur la table de manière à ce que les découpes des ports soient orientées vers toi, comme indiqué dans la **Figure 2-9**.

En tenant ton Raspberry Pi Zero (avec la carte microSD insérée) par les bords de la carte, aligne-le de manière à ce que les petits ergots arrondis du socle s'insèrent dans les trous de montage situés dans les coins de la carte de circuit du Raspberry Pi Zero 2 W. Lorsqu'ils sont alignés (**Figure 2-10**), enfonce doucement le Raspberry Pi Zero 2 W jusqu'à ce que tu entendes un clic et que les ports soient alignés avec les découpes du socle.

Figure 2-9
Le boîtier du Raspberry Pi Zero

Figure 2-10
Mise en place du Zero dans son boîtier

Prends le couvercle blanc de ton choix et place-le sur le socle du boîtier Raspberry Pi Zero, comme indiqué dans la **Figure 2-11**. Si tu utilises le couvercle du module caméra, vérifie que le câble n'est pas coincé. Lorsque le couvercle est en place, enfonce-le doucement jusqu'à entendre un clic.

MODULE CAMÉRA ET BOÎTIER DU ZERO

Si tu utilises un module caméra de Raspberry Pi, choisis le couvercle avec le trou circulaire. Aligne les orifices de montage du module caméra sur les angles en forme de croix du couvercle, de sorte que le connecteur de la caméra soit orienté vers le logo du couvercle. Quand tu entends un clic, cela veut dire qu'il est en place. Pousse doucement la barre du connecteur de la caméra pour l'écarter de ton Raspberry Pi, puis pousse l'extrémité la plus étroite du câble plat fourni avec la caméra dans le connecteur avant de remettre la barre en place. Connecte l'extrémité la plus large du câble au module caméra de la même manière. Pour plus d'informations sur l'installation du module caméra, reporte-toi au Chapitre 8, *Module de caméra du Raspberry Pi*.

À ce stade, tu peux également coller les pieds en caoutchouc fournis sur le dessous du boîtier (voir **Figure 2-12**) : retourne-le, décolle les pieds de la feuille jointe et colle-les dans les indentations circulaires du socle afin d'assurer une meilleure tenue sur ton bureau.

Figure 2-11
Fixation du couvercle

Figure 2-12
Fixation des pieds

Connexion de la carte microSD

Pour installer la carte microSD, qui constitue l'unité de *stockage* de ton Raspberry Pi, retourne ce dernier (dans son boîtier, si possible) pour qu'il soit à l'envers et insère la carte dans la fente microSD, avec l'étiquette tournée dans la direction opposée au Raspberry Pi. La carte est conçue pour ne pouvoir s'insérer que dans un sens et doit être introduite sans exercer une pression excessive (voir **Figure 2-13**).

La carte microSD s'insère dans le connecteur, puis s'arrête sans produire de clic.

Figure 2-13   Insertion de la carte microSD

Pour le Raspberry Pi Zero 2 W, la fente microSD se trouve en haut, sur le côté gauche. Insère la carte avec l'étiquette tournée dans la direction opposée au Raspberry Pi.

Si tu souhaites la retirer à l'avenir, il te suffit de saisir l'extrémité de la carte puis de la tirer délicatement. Si tu utilises un ancien modèle de Raspberry Pi, tu dois d'abord appuyer légèrement sur la carte pour la déverrouiller ; cette opération n'est pas nécessaire avec un Raspberry Pi 3, 4 ou 5, ni avec aucun modèle de Raspberry Pi Zero.

Connexion d'un clavier et d'une souris

Connecte le câble USB du clavier à n'importe lequel des quatre ports USB (USB 2.0 noir ou USB 3.0 bleu, au choix) du Raspberry Pi, comme illustré dans la **Figure 2-14**. Si tu utilises le clavier officiel Raspberry Pi, tu trouveras un port USB à l'arrière de celui-ci pour la souris. Sinon, il te suffit de connecter le câble USB de ta souris à un autre port USB du Raspberry Pi.

Figure 2-14   Branchement d'un câble USB sur un Raspberry Pi 5

Pour le Raspberry Pi Zero 2 W, tu dois utiliser un câble adaptateur micro USB OTG. Insère-le dans le port micro USB de gauche, puis connecte le câble USB de ton clavier à l'adaptateur USB OTG.

Si tu utilises un clavier avec une souris séparée, plutôt qu'un clavier avec pavé tactile intégré, tu dois également utiliser un hub USB alimenté. Connecte le câble de l'adaptateur micro USB OTG comme indiqué ci-dessus, puis connecte le câble USB du hub à l'adaptateur USB OTG avant de connecter ton clavier et ta souris au hub USB. Enfin, branche l'adaptateur d'alimentation du hub et allume-le.

Les connecteurs USB du clavier et de la souris doivent s'insérer sans exercer de pression excessive ; si tu dois forcer pour insérer le connecteur, cela signifie qu'il y a quelque chose d'anormal. Vérifie alors que le connecteur USB est dans le bon sens !

> **CLAVIER ET SOURIS**
>
> Le clavier et la souris sont les principaux moyens de transmettre des instructions à ton Raspberry Pi ; en informatique, ils sont désignés par le terme de *dispositifs d'entrée* pour les différencier de l'écran qui est un *dispositif de sortie*.

Connexion d'un écran

Pour le Raspberry Pi 4 et le Raspberry Pi 5, prends le câble micro HDMI et connecte sa plus petite extrémité au port micro HDMI le plus proche du port USB Type-C de ton Raspberry Pi. Connecte l'autre extrémité à ton écran comme indiqué dans la **Figure 2-15**.

Pour le Raspberry Pi Zero 2 W (**Figure 2-16**), prends le câble mini HDMI et connecte la plus petite extrémité au port mini HDMI situé sur le côté gauche de ton Raspberry Pi, sous l'emplacement microSD. L'autre extrémité doit être reliée à ton écran.

Figure 2-15
Connexion du câble HDMI à un Raspberry Pi 5

Figure 2-16
Connexion du câble HDMI à un Raspberry Pi Zero

Si ton écran dispose de plusieurs ports HDMI, cherche un numéro de port à côté du connecteur lui-même ; tu vas devoir basculer l'écran sur cette entrée

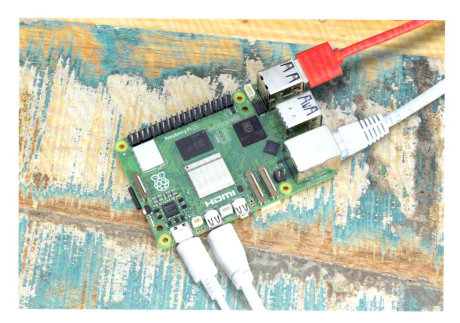

Figure 2-19 Ton Raspberry Pi est prêt à fonctionner !

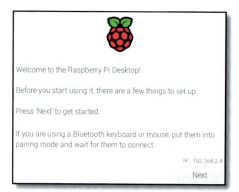

Figure 2-20 L'assistant de bienvenue du
Raspberry Pi OS

Configuration du Raspberry Pi 400

Contrairement au Raspberry Pi 4, le Raspberry Pi 400 est livré avec un clavier intégré et une carte microSD préalablement installée. Il te faudra tout de même brancher quelques câbles pour commencer, mais cela ne devrait te prendre que quelques minutes.

Connexion de la souris

Le clavier du Raspberry Pi 400 étant déjà connecté, tu n'as plus qu'à connecter la souris. Prends le câble USB à l'extrémité de la souris et insère-le dans l'un des trois ports USB (2.0 ou 3.0) situés à l'arrière du Raspberry Pi 400. Si tu souhaites conserver les deux ports USB 3.0 à haut débit pour d'autres accessoires, utilise le port USB 2.0 blanc.

Le connecteur USB doit s'insérer sans avoir à exercer trop de pression (voir **Figure 2-21**). Si tu sens que tu dois forcer pour insérer le connecteur, c'est qu'il y a un problème. Vérifie alors que le connecteur USB est dans le bon sens !

Connexion d'un écran

Prends le câble micro HDMI et connecte la plus petite extrémité au port micro HDMI le plus proche de la fente microSD de ton Raspberry Pi 400, et l'autre extrémité à ton écran, comme indiqué dans la **Figure 2-22**. Si ton écran dispose de plusieurs ports HDMI, cherche un numéro de port à côté du connecteur lui-même. Tu vas devoir basculer le téléviseur ou le moniteur sur cette entrée pour voir l'affichage de Raspberry Pi. Si tu ne vois pas de numéro de port, pas de panique : tu peux simplement passer d'une entrée à l'autre jusqu'à trouver la bonne.

Figure 2-21
Branchement d'un câble USB sur un
Raspberry Pi 400

Figure 2-22
Connexion du câble HDMI à un Raspberry Pi 400

Connexion d'un câble réseau (facultatif)

Pour connecter ton Raspberry Pi 400 à un réseau câblé, prends un câble réseau (désigné par le terme de câble Ethernet) et branche-le au port Ethernet du Raspberry Pi 400, en faisant attention à placer le clip en plastique vers le haut, jusqu'à entendre un clic (voir **Figure 2-23**). Si tu dois retirer le câble, il te suffit de presser le clip en plastique vers la prise, et de faire glisser doucement le câble pour le retirer.

Figure 2-23   Connexion Ethernet du Raspberry Pi 400

L'autre extrémité de ton câble réseau doit être connectée en suivant la même procédure à n'importe quel port libre de ton hub, commutateur ou routeur de réseau.

Connexion de l'alimentation

La toute dernière étape du processus d'installation de ton Raspberry Pi 400 consiste à le connecter à une source d'alimentation électrique, ce que tu ne dois faire que lorsque tu es fin prêt à installer son logiciel. Le Raspberry Pi 400 n'est pas doté d'un interrupteur et se met sous tension dès qu'il est connecté à une source d'alimentation électrique.

Tu dois d'abord connecter l'extrémité USB Type-C du câble d'alimentation au connecteur d'alimentation USB Type-C sur ton Raspberry Pi. Elle peut entrer dans n'importe quel sens et doit pouvoir s'insérer facilement. Si ton alimen-

tation électrique est équipée d'une rallonge détachable, vérifie que l'autre extrémité est branchée sur le bloc d'alimentation.

Connecte maintenant le câble d'alimentation à une prise et mets la prise sous
tension. Ton Raspberry Pi 400 devrait immédiatement commencer à fonctionner. Félicitations : tu as réussi à assembler ton Raspberry Pi 400 (**Figure 2-24**) !

Figure 2-24   Tous les câbles de ton Raspberry Pi 400 sont branchés !

Tu vas brièvement voir s'afficher un cube aux couleurs de l'arc-en-ciel, puis
un écran d'information sur lequel figure le logo Raspberry Pi. Il est également
possible qu'un écran bleu apparaisse lorsque le système d'exploitation se re-
dimensionne afin d'exploiter pleinement ta carte microSD. Si tu vois un écran
noir, attends quelques minutes : à son premier démarrage, le Raspberry Pi fait
un peu de ménage en arrière-plan, ce qui peut prendre un petit moment.

Après un moment, tu devrais voir apparaître le Welcome Wizard (assistant de
bienvenue) du Raspberry Pi OS, comme présenté précédemment dans la
Figure 2-20. Ton système d'exploitation est maintenant prêt pour la configuration, chose que tu apprendras à faire dans le Chapitre 3, *Utiliser ton Raspberry Pi*.

Chapitre 3

Utiliser ton Raspberry Pi

Tout savoir sur le système d'exploitation du Raspberry Pi.

Ton Raspberry Pi est en mesure d'exécuter une large gamme de logiciels, notamment plusieurs systèmes d'exploitation, c'est-à-dire le logiciel de base qui permet à l'ordinateur de fonctionner. Le plus populaire d'entre eux est le système d'exploitation officiel de la Raspberry Pi Foundation, à savoir Raspberry Pi OS. Basé sur Debian Linux, il a été développé spécialement pour Raspberry Pi et il est doté d'une gamme de logiciels supplémentaires préinstallés et prêts à l'emploi.

Si tu n'as jamais utilisé d'autre système d'exploitation que Microsoft Windows ou Apple MacOS, tu n'as aucun souci à te faire : Raspberry Pi OS est basé sur le même principe de fenêtres, icônes, menus et pointeurs (WIMP), et tous ces éléments te paraîtront très rapidement familiers.

Continue ta lecture pour commencer et en savoir plus sur certains des logiciels fournis.

Le Welcome Wizard

Lors de ta première exécution du Raspberry Pi OS, tu vas découvrir le Welcome Wizard, ou assistant de bienvenue (**Figure 3-1**). Cet outil pratique t'aidera à modifier certains paramètres du Raspberry Pi OS, connus sous le nom de *configuration* afin de définir où et comment tu envisages d'utiliser ton Raspberry Pi.

Clique sur le bouton **Next** puis choisis ton pays, ta langue et ton fuseau horaire en cliquant tour à tour sur chaque liste déroulante et en sélectionnant la valeur que tu souhaites dans la liste (**Figure 3-2**). Si tu utilises un clavier

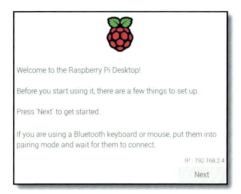

Figure 3-1   Le Welcome Wizard

de format américain, coche la case correspondante pour t'assurer que Raspberry Pi OS utilise le bon format de clavier. Si tu souhaites que les affichages du bureau et des programmes soient en anglais, quelle que soit la langue maternelle de ton pays, coche la case **Use English language**. Clique sur **Next** lorsque tu as terminé.

Figure 3-2   Sélection d'une langue, entre autres options

L'écran suivant te demande de choisir un nom et un mot de passe pour ton compte utilisateur (**Figure** 3-3). Choisis un nom : tu peux choisir le nom de ton choix, mais celui-ci doit commencer par une lettre et ne peut contenir que des lettres minuscules, des chiffres et des traits d'union. Tu dois ensuite créer un mot de passe. Tu devras saisir le mot de passe deux fois pour vérifier que tu n'as pas fait une erreur qui pourrait t'empêcher d'accéder à ton nouveau compte. Clique alors sur le bouton **Next**. L'écran suivant te permettra de sélectionner ton réseau WiFi parmi une liste de réseaux (**Figure** 3-4).

Figure 3-3 Définition d'un nouveau mot de passe

Figure 3-4 Choisir un réseau sans fil

RÉSEAUX SANS FIL

Le réseau sans fil intégré n'est disponible que sur les familles de Raspberry Pi 3, Raspberry Pi 4, Raspberry Pi 5, et Raspberry Pi Zero W et Zero 2 W. Si tu souhaites utiliser un autre modèle de Raspberry Pi avec un réseau sans fil, il te faudra un adaptateur USB WiFi.

Fais défiler la liste des réseaux à l'aide de la souris ou du clavier. Lorsque tu as trouvé le nom de ton réseau, clique dessus, puis clique sur **Next**. En supposant que ton réseau sans fil soit sécurisé (il devrait l'être, a priori), son mot de passe (également appelé clé pré-partagée ou clé WiFi) te sera demandé. Si tu n'utilises pas de mot de passe personnalisé, le mot de passe par défaut est normalement inscrit sur une carte fournie avec le routeur, ou sur la face inférieure ou arrière du routeur lui-même. Clique sur **Next** pour te connecter au réseau. Si tu ne souhaites pas te connecter à un réseau sans fil, clique sur **Skip**.

Il te sera ensuite demandé de choisir ton *navigateur web* par défaut parmi les deux navigateurs préinstallés dans le Raspberry Pi OS : Chromium de Google, sélectionné par défaut, et Firefox de Mozilla (**Figure 3-5**). Pour l'instant, nous te suggérons de laisser Chromium sélectionné par défaut, afin de pouvoir suivre ce guide sans problème ; tu pourras toujours passer à Firefox plus tard, si tu le souhaites. Tu peux également choisir de désinstaller le navigateur que tu n'utilises pas afin d'économiser de l'espace sur ta carte microSD. Il suffit de cocher la case lorsque l'option t'es proposée et de cliquer sur le bouton **Next**.

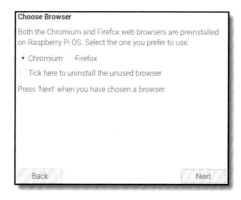

Figure 3-5   Sélectionner un navigateur

L'écran suivant te permettra de vérifier et d'installer des mises à jour pour Raspberry Pi OS et les autres logiciels sur Raspberry Pi (**Figure 3-6**). Raspberry Pi OS est régulièrement mis à jour pour corriger les bogues, ajouter de nouvelles fonctionnalités et améliorer les performances. Pour installer ces mises à jour, clique sur **Next**. Sinon, clique simplement sur **Skip**. Sois patient, le téléchargement des mises à jour peut prendre plusieurs minutes.

Lorsque les mises à jour sont installées, une fenêtre indiquant que « Le système est à jour » s'affiche. Clique alors sur le bouton **Valider**.

L'écran final du Welcome Wizard (**Figure 3-7**) fournit alors quelques dernières informations : certaines modifications apportées ne prendront effet que lorsque tu redémarre ton Raspberry Pi (un processus également appelé redémarrage ou rebooting). Clique sur le bouton **Restart** pour redémarrer ton Raspberry Pi. Désormais, le Welcome Wizard n'apparaîtra plus ; son travail est terminé et ton Raspberry Pi est prêt à être utilisé.

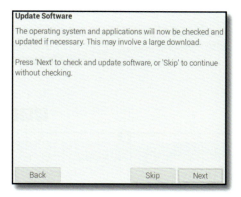

Figure 3-6   Vérification de mises à jour

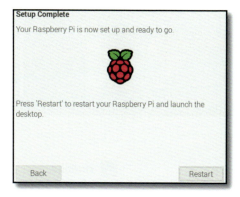

Figure 3-7   Redémarrer Raspberry Pi

ATTENTION !

Si, après le démarrage de ton Raspberry Pi 5, un message indiquant « this power sup-ply is not capable of supplying 5A » apparaît dans le coin supérieur droit, tu devrais utiliser une alimentation compatible avec le Raspberry Pi 5, comme l'alimentation offi-cielle Raspberry Pi 5. Tu peux ignorer l'avertissement, mais certains périphériques USB de forte puissance, comme les disques durs, ne fonctionneront pas.

Si tu vois un message indiquant « low voltage warning », accompagné d'un symbole en forme d'éclair, tu dois cesser d'utiliser ton Raspberry Pi jusqu'à ce que tu puisses remplacer l'alimentation : la *chute de tension* provenant d'une alimentation de mau-vaise qualité peut entraîner le plantage du Raspberry Pi et la perte de ton travail.

Explorer le bureau

La version de Raspberry Pi OS installée sur la plupart des cartes Raspberry Pi est connue sous le nom de « Raspberry Pi OS with desktop », en référence à son interface utilisateur graphique principale (**Figure** 3-8).

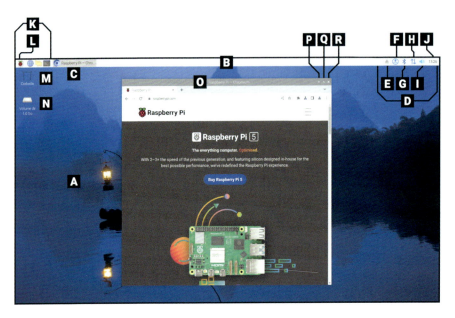

Figure 3-8   Le bureau Raspberry Pi OS

A Fond d'écran		**J** Horloge	
B Barre des tâches		**K** Lanceur	
C Tâche		**L** Menu (ou icône Raspberry Pi)	
D Barre d'état du système		**M** Icône de la corbeille	
E Éjection des médias		**N** Icône du lecteur amovible	
F Icône de mise à jour du logiciel		**O** Barre de titre de la fenêtre	
G Icône Bluetooth		**P** Réduire	
H Icône réseau		**Q** Agrandir	
I Icône volume		**R** Fermer	

Le bureau est occupé en bonne partie par une image de fond d'écran (**A** dans **Figure** 3-8), sur laquelle les programmes que tu exécutes apparaîtront. Dans la partie supérieure du bureau se trouve une barre des tâches (**B**), qui te permet de lancer les programmes installés. Ces programmes sont alors indiqués par des tâches (**C**) intégrées dans la barre des tâches.

Le côté droit de la barre de menu contient la *barre d'état du système* (**D**). Si une *unité de stockage amovible*, comme une clé USB, est connectée à Raspberry Pi, tu peux voir un symbole d'éjection (**E**) ; en cliquant dessus, tu vas pouvoir éjecter et retirer ce matériel en toute sécurité. L'icône de mise à jour du logiciel (**F**) n'apparaît que si une mise à jour du Raspberry Pi OS ou de l'une de ses applications est disponible. Dans la partie la plus à droite se trouve l'horloge (**J**) ; clique dessus pour afficher un calendrier numérique (**Figure 3-9**).

Figure 3-9   Le calendrier numérique

À côté se trouve une icône de haut-parleur (**I**). Clique dessus avec le bouton gauche de la souris pour régler le volume audio du Raspberry Pi, ou fais un clic droit sur ce bouton pour choisir la sortie audio que Raspberry Pi doit utiliser. À côté se trouve le symbole de réseau (**H**) ; si tu es connecté à un réseau sans fil, la puissance du signal est affichée sous la forme d'une série de barres, tandis que si tu es connecté à un réseau câblé, tu ne verras que deux flèches. En cliquant sur l'icône du réseau, une liste des réseaux sans fil disponibles dans les environs s'affiche (**Figure 3-10**). En cliquant sur l'icône Bluetooth (**G**) juste à côté, tu peux te connecter à un appareil Bluetooth situé à proximité.

Figure 3-10   Liste des réseaux sans fil des environs

Dans la partie gauche de la barre de menu se trouve le *lanceur* (**K**), où se trouvent les programmes installés avec à Raspberry Pi OS. Certains de ces programmes sont visibles sous forme d'icônes de raccourcis tandis que d'autres sont cachés dans le menu, mais tu peux les faire ressortir en cliquant sur l'icône Raspberry Pi (**L**) tout à gauche (**Figure 3-11**).

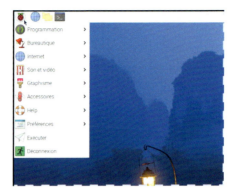

Figure 3-11   Le menu du Raspberry Pi

Les programmes dans le menu sont divisés en catégories. Le nom de chaque catégorie t'informe sur son contenu : la catégorie **Programmation** contient des logiciels conçus pour t'aider à écrire tes propres programmes, comme expliqué à partir du Chapitre 4, *Programmation avec Scratch 3*, tandis que la catégorie Jeux t'aidera à passer le temps.

Ce guide ne te détaillera pas chaque programme ; n'hésite donc pas à les explorer si tu veux en savoir plus à leur sujet. Sur le bureau, tu peux trouver la corbeille (**M**) et tous les périphériques de stockage externes (**N**) connectés à ton Raspberry Pi.

Le navigateur Web Chromium

Pour t'entraîner à utiliser ton Raspberry Pi, commence par charger le navigateur Web Chromium : clique sur l'icône Raspberry Pi en haut à gauche pour afficher le menu, puis sélectionne la catégorie Internet à l'aide de la souris et charge le navigateur Web Chromium en cliquant sur **Navigateur Web Chromium**.

Si tu as déjà utilisé le navigateur Chrome de Google sur un autre ordinateur, tu te sentiras immédiatement à l'aise avec Chromium. Avec le navigateur Web Chromium, tu peux consulter des sites Web, regarder des vidéos, jouer, et même communiquer avec des personnes du monde entier sur des forums et des sites de discussion.

Commence à utiliser Chromium en agrandissant sa fenêtre sur l'écran : cherche les trois icônes en haut à droite de la barre de titre de la fenêtre Chromium (**O**) et clique sur le symbole du milieu affichant une flèche qui pointe vers le haut (**Q**). Il s'agit du bouton *agrandir*. À gauche de ce dernier se trouve le bouton *réduire* (**P**), qui masque la fenêtre jusqu'à ce que tu clique dessus dans la barre des tâches en haut de l'écran. La croix à droite du symbole agrandir est *fermer* (**R**) : elle fait exactement ce que son nom indique, elle ferme la fenêtre.

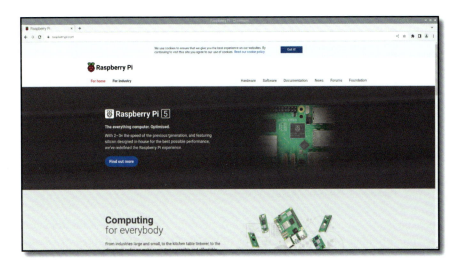

FERMER ET ENREGISTRER

Il n'est jamais recommandé de refermer une fenêtre sans avoir enregistré ton travail. La plupart des programmes te demanderont si tu souhaites enregistrer avant de cliquer sur fermer, mais d'autres ne te le demanderont pas.

La première fois que tu exécutes le navigateur Web Chromium, le site Web du Raspberry Pi doit se charger automatiquement, comme le montre la **Figure 3-12**. Si ce n'est pas le cas (ou si tu souhaites consulter d'autres sites Web), clique sur la barre d'adresse en haut de la fenêtre Chromium (la grande barre blanche avec une loupe sur le côté gauche) et saisis **raspberrypi.com** (ou bien l'adresse du site que tu veux consulter), puis appuie sur la touche **ENTRÉE** de ton clavier. Le site web de Raspberry Pi se charge alors.

Tu peux également saisir des recherches dans la barre d'adresse : recherche par exemple « Raspberry Pi », « Raspberry Pi OS » ou « rétro gaming ».

Figure 3-12   Le site Web de Raspberry Pi sur Chromium

La première fois que tu charges Chromium, il est possible que plusieurs *onglets* s'affichent dans la partie supérieure de la fenêtre. Pour basculer entre les différents onglets, clique dessus ; pour fermer un onglet sans fermer Chromium, clique sur la croix située sur le côté droit de l'onglet que tu veux fermer.

Pour ouvrir un nouvel onglet, ce qui est un moyen pratique d'ouvrir plusieurs sites Web sans avoir à gérer plusieurs fenêtres Chromium, clique sur le bouton d'onglet à droite du dernier onglet de la liste, ou maintiens enfoncés en même temps la touche **CTRL** et la touche **T**, sans lâcher **CTRL**.

Lorsque tu as terminé avec Chromium, clique sur le bouton fermer dans la partie supérieure droite de la fenêtre.

Le gestionnaire de fichiers

Tous les fichiers que tu enregistres, qu'il s'agisse de programmes, de vidéos ou d'images, le sont dans ton *répertoire personnel*. Pour visualiser ton répertoire personnel, clique sur l'icône de Raspberry Pi, ce qui affiche le menu, puis sélectionne **Accessoires** à l'aide de la souris et clique sur **Gestionnaire de fichiers PCManFM** (Figure 3-13).

Figure 3-13   Le gestionnaire de fichiers

Grâce au gestionnaire de fichiers, tu peux parcourir les fichiers et les dossiers, que l'on appelle également *répertoires* présents sur la carte microSD de Raspberry Pi, ainsi que sur tous les dispositifs de stockage amovibles (comme les clés USB) que tu as connectés aux ports USB de Raspberry Pi. Lorsque tu l'ouvres pour la première fois, il affiche automatiquement ton répertoire personnel. Tu y trouveras une série d'autres dossiers, appelés *sous-répertoires*, classés, comme le menu, par catégories.

Les principaux sous-répertoires sont :

- ▸ **Bookshelf** : il contient des copies numériques de livres et de magazines de Raspberry Pi Press. Tu peux lire et télécharger des documents grâce à l'application Bibliothèque, dans la section Aide du menu ;

- ▸ **Desktop** : c'est ce dossier qui apparaît lorsque tu charges Raspberry Pi OS pour la première fois. Si tu y enregistres un fichier, il s'affichera sur le bureau, ce qui te facilitera la tâche pour le retrouver et le charger ;

- ▸ **Documents** : tu y trouveras la plupart des fichiers que tu crées, des histoires aux recettes de cuisine ;

- ▸ **Downloads** : lorsque tu télécharges un fichier depuis Internet à l'aide du navigateur web Chromium, il est automatiquement enregistré dans la rubrique Téléchargements ;

- ▸ **Music** : toute la musique que tu conçois ou télécharges peut être stockée ici ;

- ▸ **Pictures** : ce dossier est réservé essentiellement aux images, désignées par le terme technique de *fichiers d'images* ;

- ▸ **Public** : la plupart de tes fichiers sont privés, mais tout ce que tu ranges dans le dossier Public sera visible pour d'autres utilisateurs de ton Raspberry Pi, même s'ils disposent de leurs propres noms d'utilisateur et mots de passe ;

- ▸ **Templates** : ce dossier contient tous les modèles, c'est-à-dire des documents vierges dotés d'une mise en page ou d'une structure de base prédéfinie que tu as créés toi-même ou qui ont été installés par tes applications ;

- ▸ **Videos** : il s'agit d'un dossier contenant des vidéos, le principal endroit où la plupart des programmes de lecture vidéo vont rechercher du contenu.

La fenêtre du gestionnaire de fichiers est elle-même divisée en deux volets principaux : le volet de gauche affiche les répertoires de ton Raspberry Pi, alors que le volet de droite affiche les fichiers et sous-répertoires figurant dans le répertoire sélectionné dans le volet de gauche.

Si tu branches un dispositif de stockage amovible sur le port USB de Raspberry Pi, une fenêtre contextuelle va te demander si tu souhaites l'ouvrir dans le gestionnaire de fichiers (**Figure 3-14**). Clique sur **Valider**. Tu pourras ainsi voir ses fichiers et ses répertoires.

Tu peux facilement *glisser-déposer* des fichiers entre la carte microSD du Raspberry Pi et un périphérique amovible. Avec ton répertoire personnel et le périphérique amovible ouverts dans des fenêtres séparées du gestionnaire

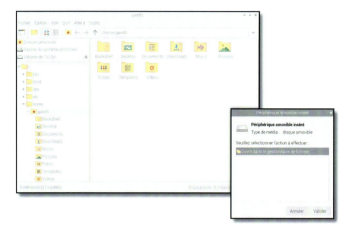

Figure 3-14   Insertion d'un périphérique de stockage amovible

de fichiers, place le curseur de la souris sur le fichier que tu souhaites copier, clique et maintiens enfoncé le bouton gauche de la souris, puis fais glisser le fichier vers l'autre fenêtre et relâche le bouton (**Figure** 3-15).

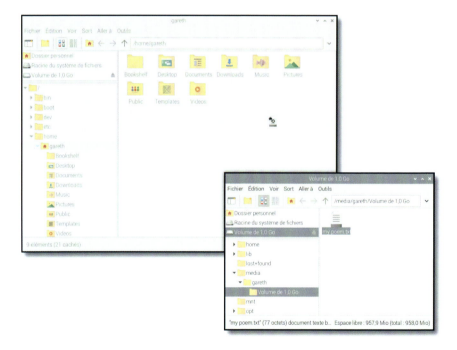

Figure 3-15   Glisser-déposer un fichier

Pour copier un fichier, il te suffit de cliquer une fois sur le fichier, de cliquer sur le menu **Édition**, de cliquer sur **Copier**, de cliquer sur l'autre fenêtre, de cliquer sur le menu **Édition** puis de cliquer sur **Coller**.

L'option Couper, également disponible dans le menu Édition, est très similaire, à la différence qu'elle consiste à supprimer le fichier de son emplacement d'origine après avoir effectué la copie. Les deux options peuvent également être utilisées par le biais de raccourcis clavier **CTRL+C** (copier) ou **CTRL+X** (couper), et **CTRL+V** (coller).

RACCOURCIS CLAVIER

Lorsqu'un raccourci clavier est précisé, comme **CTRL+C**, il s'agit de maintenir enfoncée la première touche du clavier (**CTRL**), d'appuyer sur la deuxième touche (**C**), puis de relâcher les deux.

Lorsque tu as terminé, ferme le gestionnaire de fichiers en cliquant sur le bouton fermeture en haut à gauche de la fenêtre. Si plusieurs fenêtres sont ouvertes, ferme-les toutes. Si tu as connecté un périphérique de stockage amovible à ton Raspberry Pi, éjecte-le. Pour cela, clique sur le bouton d'éjection en haut à droite de l'écran, puis recherche le périphérique dans la liste et clique dessus avant de le débrancher.

ÉJECTION DE PÉRIPHÉRIQUES

Tu dois toujours utiliser le bouton d'éjection avant de débrancher un périphérique de stockage externe. Sans cela, les fichiers qui s'y trouvent risquent d'être corrompus et de devenir inutilisables.

L'outil Recommended Software

Le Raspberry Pi OS propose une large gamme de logiciels déjà installés, mais il est compatible avec encore plus de logiciels. Une sélection choisie de ces logiciels est disponible dans l'outil Recommended Software.

Garde à l'esprit que l'outil Recommended Software nécessite une connexion Internet pour fonctionner. Alors que ton Raspberry Pi est connecté à internet, clique sur l'icône de Raspberry Pi, place le curseur de ta souris sur **Préférences** et clique sur **Recommended Software**. L'outil se charge et commence à télécharger des informations sur les logiciels disponibles.

Après quelques secondes, une liste de logiciels compatibles s'affiche (**Figure 3-16**). Tout comme les logiciels du menu Raspberry Pi, ils sont classés en différentes catégories. Clique sur une catégorie dans le volet de gauche pour afficher les logiciels de cette catégorie, ou clique sur **All Programs** pour tout afficher.

Figure 3-16 L'outil Recommended Software

Si la case située à côté d'un logiciel est cochée, cela signifie que celui-ci est déjà installé sur ton Raspberry Pi. Tu peux cocher les cases vides à côté des logiciels qui t'intéressent pour les installer. Tu peux cocher autant de logiciels que tu veux en vue de les installer tous en même temps, mais si tu utilises une carte microSD plus petite que celle qui est recommandée, l'espace risque d'être insuffisant pour les installer tous.

APPLICATIONS PRÉINSTALLÉES

Certaines versions du Raspberry Pi OS comprennent plus de logiciels installés que d'autres. Si l'outil Recommended Software indique que Code the Classics est déjà installé (si la case à cocher est déjà cochée) tu peux choisir un autre logiciel dans la liste à installer à la place.

Des logiciels pour un large éventail de tâches sont disponibles pour le Raspberry Pi OS, y compris une sélection de jeux écrits pour le livre *Code the Classics, Volume 1* — une rétrospective de l'histoire du gaming qui t'apprend à écrire tes propres jeux en Python, disponible sur **store.rpipress.cc**.

Pour installer les jeux *Code the Classics*, coche la case située à côté de **Code the Classics** ; tu vas peut-être devoir faire défiler la liste des applications pour la voir. Tu verras ensuite le texte *(will be installed)* apparaître à droite de l'application que tu as sélectionnée, comme le montre la **Figure 3-17**.

Clique sur **Apply** pour installer le logiciel. Il te sera demandé de saisir ton mot de passe. L'installation peut prendre jusqu'à une minute, selon la rapidité de ta connexion internet (**Figure 3-18**). Une fois le processus terminé, un message s'affiche pour t'indiquer que l'installation est terminée. Clique sur **Valider** pour fermer la boîte de dialogue, puis clique sur le bouton **Close** pour fermer l'outil Recommended Software.

Figure 3-17   Sélection de Code the Classics pour l'installer

Figure 3-18   Installer Code the Classics

Si tu changes d'avis sur un logiciel que tu as installé, tu peux libérer de l'espace en le désinstallant. Il te suffit de charger à nouveau l'outil Recommended Software, de rechercher le logiciel dans la liste et de cliquer sur la case pour supprimer la coche. Cliquer sur **Apply** supprime le logiciel, mais tous les fichiers créés avec ce logiciel et enregistrés dans ton dossier Documents seront conservés.

Add/Remove Software est un outil supplémentaire permettant d'installer ou désinstaller un logiciel, et il est disponible dans la même catégorie Préférences du menu Raspberry Pi OS. Il offre un éventail plus large de logiciels que la liste de Recommended Software. Apprends à utiliser l'outil Add/Remove Software dans Annexe B, *Installation et désinstallation de logiciels*.

La suite bureautique LibreOffice

Pour te familiariser avec d'autres possibilités offertes par Raspberry Pi, clique sur l'icône de Raspberry Pi, place ton curseur sur **Bureautique**, et clique sur **LibreOffice Writer**. Cette action chargera la partie traitement de texte de LibreOffice (**Figure 3-19**), une suite bureautique open-source populaire.

Figure 3-19   Le programme LibreOffice Writer

TU N'AS PAS LIBREOFFICE ?

Si tu n'as pas de catégorie **Bureautique** dans le menu de ton Raspberry Pi, ou si tu n'y trouves pas LibreOffice Writer, il se peut qu'il ne soit pas installé. Retourne sur l'outil Recommended Software et installe-le avant de poursuivre dans cette section.

Un logiciel de traitement de texte te permet de rédiger des documents et de les mettre en page : tu peux ainsi modifier le style, la couleur, la taille de la police de caractères, ajouter des effets, et même insérer des images, des graphiques, des tableaux et d'autres contenus. Le logiciel de traitement de texte te permet également de vérifier si ton texte comporte des erreurs, en mettant en évidence les fautes d'orthographe et de grammaire, respectivement en rouge et en vert, pendant que tu écris.

Commence par rédiger un paragraphe afin d'essayer différentes mises en page. Si cette étape t'intéresse particulièrement, tu peux par exemple écrire ce que tu as appris sur le Raspberry Pi et son logiciel jusqu'à présent. Prends connaissance des différentes icônes de la partie supérieure de la fenêtre pour comprendre leur rôle puis essaie d'agrandir ton texte et d'en modifier la couleur. Si tu n'es pas sûr de savoir comment faire, il te suffit de passer le curseur de la souris sur une des icônes pour qu'une « info-bulle » s'affiche et t'indique son rôle. Lorsque tu es satisfait du résultat, clique sur le menu **Fichier** et sur l'option **Enregistrer** pour sauvegarder ton travail (**Figure 3-20**). Attribue un nom à ton fichier et clique sur le bouton **Enregistrer**.

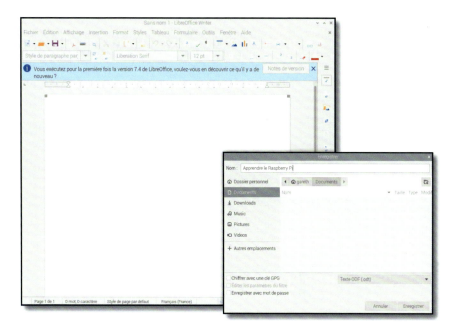

Figure 3-20   Enregistrer un document

ENREGISTRER TON TRAVAIL

Prends l'habitude d'enregistrer ton travail, même si tu ne l'as pas encore achevé. Cela t'évitera bien des ennuis en cas de coupure de courant en plein milieu de ton travail sur un document !

LibreOffice Writer n'est qu'un élément de la suite bureautique générale LibreOffice. Les autres éléments, que tu trouveras dans la même catégorie de menu Bureautique que LibreOffice Writer, sont les suivants :

- ▸ **LibreOffice Base** : il s'agit d'une base de données, c'est-à-dire un outil permettant de stocker, consulter et analyser des informations ;

- ▸ **LibreOffice Calc** : il s'agit d'un tableur, un outil permettant d'effectuer des calculs, de créer des tableaux et des graphiques ;

- ▸ **LibreOffice Draw** : il s'agit d'un programme d'illustration, un outil pour créer des images et des diagrammes ;

▶ **LibreOffice Impress** : il s'agit d'un programme de présentation qui permet de créer des diapositives et des diaporamas ;

▶ **LibreOffice Math** : il s'agit d'un éditeur de formules qui permet de créer des formules mathématiques correctement formatées.

LibreOffice est également disponible pour d'autres ordinateurs et systèmes d'exploitation. Tu peux le télécharger gratuitement depuis **libreoffice.org** et l'installer sur n'importe quel ordinateur Microsoft Windows, Apple macOS ou Linux. Tu peux fermer LibreOffice Writer en cliquant sur le bouton fermer dans la partie supérieure droite de la fenêtre.

OBTENIR DE L'AIDE

La plupart des programmes comprennent un menu d'aide très complet, allant des informations sur le programme aux guides d'utilisation. Si tu te sens perdu ou qu'un programme te semble incompréhensible, le menu Aide peut t'aider à mieux comprendre les choses.

Outil de configuration Raspberry Pi

Le dernier programme qui te sera présenté dans ce chapitre est connu sous le nom d'outil de Configuration Raspberry Pi. Il ressemble beaucoup au Welcome Wizard, et te permet de modifier divers paramètres dans Raspberry Pi OS. Clique sur l'icône Raspberry Pi, place le curseur de la souris de sorte à sélectionner la catégorie **Préférences**, puis clique sur **Configuration du Raspberry Pi** pour le charger (**Figure 3-21**).

Figure 3-21   L'outil de configuration Raspberry Pi

Cet outil comporte cinq onglets. Le premier est l'onglet **Système** : il te permet de modifier le mot de passe de ton compte, de définir un nom d'hôte (c'est-à-dire le nom utilisé par ton Raspberry Pi sur ton réseau sans fil ou filaire local) et de modifier d'autres paramètres, notamment le navigateur Web par défaut. Il est cependant généralement préférable de ne pas les modifier. Clique sur l'onglet **Display** pour afficher la catégorie suivante. Le cas échéant, tu peux modifier ici les paramètres d'affichage de l'écran, en fonction de ton écran de télévision ou d'ordinateur.

PLUS DE DÉTAILS

Ce bref aperçu vise simplement à t'aider à te familiariser avec l'outil. Des informations plus détaillées sur chacun de ses paramètres sont disponibles dans Annexe E, *L'Outil de configuration du Raspberry Pi*.

L'onglet **Interfaces** propose une série de paramètres, qui sont tous désactivés au départ (sauf **Serial Console** et **Serial Port**). Ces paramètres ne doivent être modifiés que si tu ajoutes du nouveau matériel, et uniquement à la demande du fabricant du matériel. Les exceptions à cette règle sont **SSH**, qui active un « Secure Shell » et te permet de te connecter à Raspberry Pi depuis un autre ordinateur de ton réseau à l'aide d'un client SSH ; **VNC**, qui active un « Virtual Network Computer » et te permet de visualiser et commander le bureau Raspberry Pi OS depuis un autre ordinateur de ton réseau à l'aide d'un client VNC ; et **Remote GPIO**, qui te permet d'utiliser les ports GPIO de Raspberry Pi à partir d'un autre ordinateur de ton réseau.

Clique sur l'onglet **Performance** pour afficher la quatrième catégorie. C'est ici que tu peux configurer **overlay file system**, qui est un moyen de faire fonctionner ton Raspberry Pi sans avoir besoin d'écrire de modifications sur la carte microSD. Dans la plupart des cas, tu n'auras pas besoin de le faire, et la plupart des utilisateurs peuvent donc laisser cette section telle quelle.

Finalement, clique sur l'onglet **Localisation** pour afficher la dernière catégorie. Ici, tu peux changer l'emplacement choisi, qui définit certains éléments tels que la langue utilisée dans Raspberry Pi OS et le format des nombres, le fuseau horaire, la disposition du clavier et le pays pour les réseaux Wi-Fi. Pour l'instant, il te suffit de cliquer sur **Annuler** pour fermer l'outil sans rien modifier.

ATTENTION !

Les normes applicables aux fréquences Wi-Fi et radio varient en fonction des pays. Si tu règles le paramètre Wi-Fi dans l'outil de configuration Raspberry Pi avec un pays différent de celui dans lequel tu résides, tu risques probablement de rencontrer des difficultés à te connecter à tes réseaux. Tu risques également d'enfreindre les lois relatives aux fréquences radio. Tu n'as donc aucun intérêt à le faire !

Mises à jour de logiciel

Le Raspberry Pi OS reçoit des mises à jour fréquentes, qui ajoutent de nouvelles fonctionnalités ou corrigent des bogues. Si le Raspberry Pi est connecté à un réseau via un câble Ethernet ou Wi-Fi, il vérifiera automatiquement la présence de mises à jour et t'indiquera si l'une d'entre elles est prête à être installée à l'aide d'une petite icône dans la barre d'état du système (elle ressemble à une flèche pointant vers le bas dans un bac, entourée d'un cercle).

Si tu vois cette icône en haut à droite de ton bureau, cela signifie que des mises à jour sont prêtes à être installées. Clique sur l'icône puis sur **Install Updates** pour les télécharger et les installer. Si tu préfères d'abord voir quelles sont les mises à jour, clique sur **Show Updates** pour afficher une liste (**Figure** 3-22).

Figure 3-22   Utilisation de l'outil de mise à jour de logiciel

Le temps nécessaire à l'installation des mises à jour varie en fonction de leur nombre et de la rapidité de ta connexion internet, mais cela ne devrait prendre que quelques minutes. Une fois les mises à jour installées, l'icône disparaît de la barre d'état du système jusqu'à ce qu'il y ait d'autres mises à jour à installer.

Certaines mises à jour visent à améliorer la sécurité du Raspberry Pi OS. Pense à utiliser l'outil de mise à jour du logiciel pour garder ton système d'exploitation à jour !

Éteindre ton Raspberry Pi

Maintenant que tu as parcouru le bureau de Raspberry Pi OS en détail, il est temps d'acquérir une compétence essentielle : éteindre ton Raspberry Pi en toute sécurité. Comme n'importe quel ordinateur, Raspberry Pi conserve les fichiers sur lesquels tu travailles dans une *mémoire volatile*, qui se vide à la fermeture du système. Il faut donc sauvegarder au fur et à mesure les documents que tu crées pour les transférer de la mémoire volatile à *la mémoire non-volatile* (la carte microSD) afin de t'assurer de ne rien perdre.

Cependant, les documents sur lesquels tu travailles ne sont pas les seuls dossiers ouverts. Raspberry Pi OS conserve lui aussi un certain nombre de fichiers ouverts pendant qu'il fonctionne. Si tu retires le câble d'alimentation de ton Raspberry Pi pendant que ces fichiers sont encore ouverts, tu risques de corrompre le système d'exploitation et tu devras alors le réinstaller.

Pour éviter que cela ne se produise, tu dois t'assurer d'indiquer à Raspberry Pi OS d'enregistrer tous les fichiers et de se préparer à la fermeture, un processus connu sous le nom d'*arrêt* du système d'exploitation.

Clique sur l'icône de Raspberry Pi en haut à gauche du bureau, puis clique sur **Arrêter**. Une fenêtre comportant trois options apparaît(**Figure 3-23**) : **Arrêter**, **Redémarrer** et **Fermer la session**. **Arrêter** est l'option que tu utiliseras le plus : en cliquant sur cette option, Raspberry Pi OS fermera tous les logiciels et fichiers ouverts, puis arrêtera Raspberry Pi. Une fois que l'écran est devenu noir, attends quelques secondes que le voyant vert clignotant de Raspberry Pi s'éteigne, après quoi tu peux éteindre l'alimentation électrique en toute sécurité.

Si tu appuies une fois sur le bouton d'alimentation, tu vas voir apparaître la même fenêtre que si tu avais cliqué sur l'icône Raspberry Pi puis sur **Arrêter** ; appuie à nouveau sur le bouton d'alimentation lorsque la fenêtre est visible et le Raspberry Pi s'éteindra en toute sécurité.

En appuyant sur le bouton d'alimentation et en le maintenant enfoncé plus longtemps, l'appareil s'*éteint brutalement*, comme si tu venais de couper l'alimentation. N'utilise cette technique que si ton Raspberry Pi ne répond pas à tes instructions et que tu ne réussis pas à l'arrêter d'une autre manière, car tu risques de corrompre tes fichiers, voire ton système d'exploitation.

Pour rallumer ton Raspberry Pi, il suffit de débrancher puis de rebrancher le câble d'alimentation, ou de désactiver puis d'activer l'alimentation de la prise de courant.

Figure 3-23
Éteindre ton Raspberry Pi

Le processus de redémarrage ressemble à celui du **Arrêter**, il ferme en effet tout, mais au lieu de couper l'alimentation de Raspberry Pi, il le redémarre, comme si tu avais choisi **Arrêter**, puis que tu avais déconnecté et reconnecté le câble d'alimentation. La fonction **Redémarrer** doit être utilisée si tu apportes certaines modifications nécessitant un redémarrage du système d'exploitation (par exemple des mises à jour du logiciel central) ou en cas d'erreur logicielle (ou *crash*) qui rendrait Raspberry Pi OS inutilisable.

Fermer la session ne te sera utile que si tu as plusieurs comptes utilisateur sur ton Raspberry Pi : elle ferme tous les programmes que tu as d'actuellement ouverts et te conduit vers un écran de connexion sur lequel tu es invité à saisir un nom d'utilisateur et un mot de passe. Si tu te déconnectes par erreur et que tu souhaites revenir, il te suffit de saisir le nom d'utilisateur et le mot de passe choisis dans le Welcome Wizard au début de ce chapitre.

ATTENTION !

Ne retire jamais le câble d'alimentation d'un Raspberry Pi et ne coupe jamais l'alimentation sans l'avoir éteint au préalable. Tu risquerais de corrompre le système d'exploitation et de perdre les fichiers que tu as créés ou téléchargés.

Chapitre 4

Programmation avec Scratch 3

Apprends à coder en utilisant Scratch, un langage de programmation par blocs.

Utiliser Raspberry Pi, ce n'est pas simplement se limiter à utiliser des logiciels créés par d'autres personnes, c'est également en créer de nouveaux en laissant libre cours à son imagination. Que tu aies de l'expérience dans la création de programmes (un processus connu sous le nom de programmation ou codage) ou non, tu vas découvrir que Raspberry Pi est une excellente plateforme de création et d'expérimentation.

Scratch, un langage de programmation visuel développé par le Massachusetts Institute of Technology (MIT), peut se révéler un allié précieux pour apprendre les bases du codage sur Raspberry Pi. Dans les langages de programmation traditionnels, il faut écrire des instructions textuelles que l'ordinateur doit exécuter, un peu comme si tu écrivais la recette d'un gâteau. Scratch, en revanche, permet de créer un programme étape par étape en utilisant des blocs, c'est-à-dire des morceaux de code pré-écrits se présentant sous forme de pièces d'un puzzle et suivant un code couleur très simple.

Scratch est un excellent moyen de s'initier au langage de programmation pour les codeurs en herbe de tous âges, mais ne te laisse pas tromper par son aspect convivial : il s'agit bel et bien d'un environnement de programmation puissant et entièrement fonctionnel avec lequel tu peux tout faire, qu'il s'agisse de jeux et animations simples ou de projets de robotique complexes.

Présentation de l'interface de Scratch 3

A Scène

B Sprite

C Contrôles de scène

D Liste des sprites

E Palette de blocs

F Blocs

G Zone de codage

Comme les acteurs d'une pièce de théâtre, tes personnages se déplacent sur la scène (**A**) sous le contrôle de ton programme Scratch. Les personnages ou objets que tu insères dans un programme sont appelés des sprites (**B**) et ils sont placés sur la scène. Pour modifier la scène, par exemple pour intégrer ton propre arrière-plan, utilise les contrôles de scène (**C**). Tous les sprites que tu as créés ou chargés se trouvent dans la liste des sprites (**D**).

Tous les blocs disponibles pour ton programme apparaissent dans la palette de blocs (**E**), qui comporte différentes catégories, identifiables grâce à un code couleur qui leur est propre. Les blocs (**F**) sont des morceaux de code pré-écrits qui te permettent de développer ton programme étape par étape. Tu créeras ton programme dans la zone de codage (**G**) en faisant glisser et en déposant des blocs depuis la palette de blocs pour former des scripts.

Ton tout premier programme Scratch : Bonjour tout le monde !

Scratch 3 se charge exactement comme n'importe quel autre programme sur Raspberry Pi : clique sur l'icône de Raspberry Pi pour ouvrir le menu de Raspberry Pi OS, déplace ton curseur sur la section **Programmation** et puis clique sur Scratch 3. Après quelques secondes, l'interface utilisateur de Scratch 3 doit s'afficher. Tu verras peut-être un message relatif à la collecte de tes données : tu peux cliquer sur **Partager mes données d'utilisation avec l'Équipe Scratch** si tu acceptes de soumettre des données d'utilisation à l'équipe Scratch, sinon clique sur **Ne pas partager mes données d'utilisation avec l'Équipe Scratch**. Scratch se charge dès que tu auras fait ton choix.

Pour la plupart des langages de programmation, il faut donner des instructions écrites à l'ordinateur. Ce n'est pas le cas avec Scratch. Commence par cliquer sur la catégorie **Apparence** dans la palette de blocs, située à gauche de la fenêtre Scratch. Cette action permet d'afficher les blocs violets de cette catégorie. Cherche le bloc `dire Bonjour !`, clique dessus en maintenant appuyé le bouton gauche de la souris, puis fais-le glisser jusqu'à la zone de codage au centre de la fenêtre de Scratch avant de relâcher le bouton de la souris (**Figure 4-1**).

Regarde la forme du bloc que tu viens de déposer : il a une sorte d'encoche sur le haut, et cette même forme est visible en bas. Comme une pièce de puzzle, ce bloc t'indique qu'il faudra placer quelque chose au-dessus et quelque chose en dessous. Pour ce programme, l'élément que tu devras placer au-dessus est un *déclencheur*.

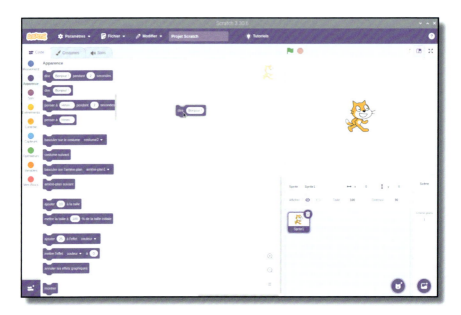

Figure 4-1   Glisse et dépose le bloc dans la zone de codage

Clique sur la catégorie **Événements**, indiquée en doré dans la palette des blocs, puis clique sur le bloc **quand ⚑ est cliqué**, qu'on appelle un *bloc de tête*, et fais-le glisser dans la zone de codage. Place-le de sorte à ce que la forme qui pointe vers le bas s'emboîte dans l'encoche en haut du bloc **dire Bonjour !** jusqu'à ce qu'un contour blanc apparaisse, puis relâche le bouton de la souris. Tu n'as besoin d'être extrêmement précis, le bloc s'emboîte dès qu'il est suffisamment proche. Si ce n'est pas le cas, clique et maintiens enfoncé le bouton de la souris puis ajuste sa position jusqu'à ce qu'il s'emboîte.

Tu as maintenant terminé ton programme. Pour le faire fonctionner, c'est à dire *exécuter* le programme, clique sur le drapeau vert situé en haut à gauche de la scène. Normalement, le sprite de chat sur la scène t'accueillera avec un joyeux « **Bonjour !** » (Figure 4-2).

Tu as réussi à créer ton premier programme !

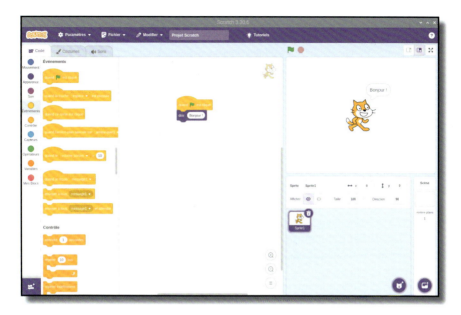

Figure 4-2 Clique sur le drapeau vert au-dessus de la scène. Le chat dira alors « Bonjour ! »

Avant de continuer, enregistre et donne un nom à ton programme. Clique sur le menu **Fichier**, puis sur **Sauvegarder sur votre ordinateur**. Saisis un nom et clique sur le bouton **Enregistrer** (**Figure 4-3**).

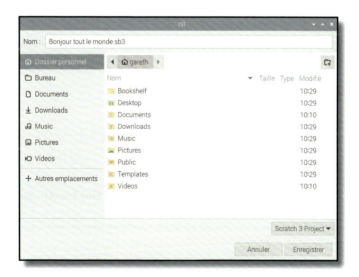

Figure 4-3 Enregistre ton programme en lui donnant un nom que tu pourras facilement mémoriser

QUE PEUT-IL DIRE ?

Dans Scratch, certains blocs peuvent être modifiés. Essaie de cliquer sur le mot
« **Bonjour !** », puis saisis autre chose et clique à nouveau sur le drapeau vert. Que
se passe-t-il sur la scène ?

Prochaine étape : les séquences

Si ton programme ne comporte que deux blocs, il ne contient alors qu'une
seule instruction : celle de dire « **Bonjour !** » à chaque fois que le programme
s'exécute. Pour en faire un peu plus, tu as besoin de te familiariser avec les
séquences. Dans leur forme la plus simple, les programmes informatiques
consistent en une liste d'instructions, tout comme une recette de cuisine.
Chaque instruction fait suite à celle qui lui précède dans une progression logique connue sous le nom de *séquence linéaire*.

Commence par cliquer sur le bloc **dire Bonjour !** et fais-le glisser depuis la
zone de codage vers la palette de blocs (**Figure 4-4**). Cette action supprime
le bloc, le retire de ton programme et ne laisse que le bloc **déclencheur**,
quand 🏴 est cliqué.

Figure 4-4 Pour supprimer un bloc, il te suffit de le faire glisser hors de la zone de codage

Clique sur la catégorie **Mouvement** dans la palette des blocs, puis clique sur le bloc `avancer de 10 pas` et fais-le glisser de sorte à ce qu'il s'emboîte en dessous du bloc déclencheur dans la zone de codage.

Comme le suggère le nom, cette action indique à ton sprite (c'est-à-dire le chat) qu'il doit avancer d'un certain nombre de pas dans la direction à laquelle il fait face actuellement.

Ajoute ensuite des instructions supplémentaires à ton programme pour créer une *séquence* : clique sur la catégorie **Son**, affichée en rose, puis clique et fais glisser le bloc `jouer le son Miaou jusqu'au bout` pour qu'il se retrouve sous le bloc `avancer de 10 pas`. Tu peux maintenant développer la séquence : clique à nouveau sur la catégorie **Mouvement** et fais glisser un autre bloc `avancer de 10 pas` sous ton bloc **Son**, mais cette fois, remplace **10** par **-10** pour créer un bloc `avancer de -10 pas`.

Clique sur le drapeau vert au-dessus de la scène pour exécuter le programme. Tu verras alors le chat se déplacer vers la droite en miaulant (il te faudra des haut-parleurs ou des écouteurs branchés pour l'entendre) puis revenir à son point de départ. Chaque fois que tu cliques sur le drapeau vert, le chat répète cette action.

Félicitations ! Tu as créé une séquence d'instructions, que Scratch exécutera l'une après l'autre, dans l'ordre allant de haut en bas. Scratch exécute une seule instruction de la séquence à la fois, mais très rapidement : essaie de supprimer le bloc `jouer le son Miaou jusqu'au bout` en cliquant sur le bloc `avancer de -10 pas` en dessous et en le faisant glisser pour les séparer, puis en ramenant le bloc `jouer le son Miaou jusqu'au bout` vers la palette de blocs, et remplace-le par le bloc plus simple `jouer le son Miaou` avant de ramener ton bloc `avancer de -10 pas` tout en bas de ton programme.

Clique sur le drapeau vert pour exécuter de nouveau ton programme. Cette fois-ci, on dirait bien que le sprite du chat ne bouge pas. En réalité il se déplace, mais il recule simultanément à la même vitesse, ce qui explique qu'il semble immobile. En effet, l'utilisation du bloc **jouer le son Miaou** permet au programme de ne pas attendre la fin de la lecture du son pour passer à l'étape suivante. Comme le Raspberry Pi « réfléchit » très vite, l'instruction suivante est exécutée avant que tu ne puisses voir le sprite du chat bouger.

Outre l'utilisation du bloc **jouer le son Miaou jusqu'au bout**, il existe un autre moyen de résoudre ce problème : clique sur la catégorie orange clair **Contrôle** de la palette de blocs, puis clique et fais glisser un bloc **attendre 1 secondes** entre le bloc **jouer le son Miaou** et le bloc inférieur **avancer de -10 pas**.

Si tu cliques à nouveau sur le drapeau vert pour lancer le programme, tu verras que le chat se déplace vers la droite, puis attend une seconde avant de revenir vers la gauche. C'est ce qu'on appelle un *délai*, qui est essentiel pour contrôler la durée de ta séquence d'instructions.

DÉFI : AJOUTER DES ÉTAPES

Essaie d'ajouter des étapes à ta séquence et de modifier les valeurs des étapes existantes. Que se passe-t-il lorsque le nombre de pas d'un bloc **avancer de pas** ne correspond pas au nombre de pas d'un autre bloc ? Que se passe-t-il si tu essaies de jouer un son alors qu'un autre est encore en train de jouer ?

Boucler la boucle

La séquence que tu as créée jusqu'à présent ne s'exécute qu'une seule fois. En cliquant sur le drapeau vert, le chat bouge et miaule, puis le programme s'arrête jusqu'à ce que tu cliques à nouveau sur le drapeau vert. Pour remédier à cette situation, Scratch a prévu un bloc **Contrôle**, connu sous le nom de *boucle*.

Clique sur la catégorie **Contrôle** dans la palette des blocs et cherche le bloc `répéter indéfiniment`. Clique dessus et fais-le glisser dans la zone de codage, puis dépose-le en dessous du bloc `quand 🏳 est cliqué` et au-dessus du premier bloc `avancer de 10 pas`.

Le bloc **répéter indéfiniment**, en forme de C, s'adapte automatiquement pour entourer les autres blocs de ta séquence. Si tu cliques maintenant sur le drapeau vert, tu verras immédiatement les effets du bloc `répéter indéfiniment` : au lieu de s'exécuter une seule fois, ton programme s'exécute encore et encore, indéfiniment donc. En programmation, on appelle ça une *boucle infinie*, c'est-à-dire une boucle qui se répète sans jamais s'arrêter.

Si ces miaulements incessants finissent par te lasser, clique sur l'octogone rouge à côté du drapeau vert au-dessus de la scène pour interrompre le programme. Pour modifier le type d'une boucle, retire le premier bloc `avancer de 10 pas` ainsi que les blocs situés en dessous `répéter indéfiniment`, puis dépose-les sous le bloc `quand 🏳 est cliqué`. Clique et fais glisser le bloc `répéter indéfiniment` dans la palette des blocs pour le retirer, puis clique et fais glisser le bloc `répéter 10 fois` sous le bloc `quand 🏳 est cliqué` pour qu'il entoure les autres blocs.

Clique sur le drapeau vert pour exécuter ton nouveau programme. Au début, il semblerait que la première version se répète : ta séquence d'instructions s'exécute encore et encore. Mais cette fois-ci, la boucle s'interrompt après dix répétitions, puis s'arrête. C'est ce qu'on appelle une *boucle définie* et c'est toi qui décides à quel moment elle se termine. Les boucles sont des outils puissants, et la plupart des programmes (en particulier les jeux et les programmes de détection) en font un usage intensif (aussi bien des boucles infinies que définies).

QUE SE PASSE-T-IL MAINTENANT ?

Que se passe-t-il si tu choisis un nombre plus élevé pour le bloc de boucle ? Que se passe-t-il si ce nombre est plus petit ? Que se passe-t-il si tu choisis un 0 pour le bloc de boucle ?

Variables et conditions

Les derniers concepts à comprendre avant de te lancer sérieusement dans le codage de programmes Scratch sont étroitement liés l'un à l'autre : les *variables* et les *conditions*. Une variable est, comme son nom l'indique, une valeur susceptible de varier (autrement dit, de changer) dans le temps et sous le contrôle du programme. Une variable possède deux propriétés principales : son nom et la valeur qu'elle représente. Cette valeur n'est pas nécessairement un nombre. Il peut s'agir de nombres, de texte, de valeurs « vrai ou faux » (également appelés *valeurs booléennes*), ou d'une valeur complètement vide, appelée *valeur nulle*.

Les variables sont des outils puissants. Pense à tous les éléments que tu dois surveiller dans un jeu, par exemple la santé d'un personnage, la vitesse d'un objet en mouvement, le niveau en cours et le score. Tous ces éléments sont des variables.

Tout d'abord, clique sur le menu **Fichier** et sauvegarde ton programme existant en cliquant sur **Sauvegarder sur votre ordinateur**. Si tu avais déjà enregistré le programme, il te sera demandé d'indiquer si tu souhaites remplacer l'ancienne copie sauvegardée par ta nouvelle version. Tu peux à présent cliquer sur **Fichier**, puis sur **Nouveau** pour lancer un nouveau projet vierge (clique sur **Ok** lorsqu'on te demande si tu souhaites remplacer le contenu du projet en cours). Clique sur la catégorie **Variables**, affichée en orange foncé dans la palette des blocs, puis sur le bouton **Créer une variable**. Saisis `boucles` comme nom de variable (**Figure 4-5**), puis clique sur **Ok** pour faire apparaître une série de blocs dans la palette des blocs.

Figure 4-5   Attribue un nom à ta nouvelle variable

Clique sur le bloc **mettre boucles à 0** et fais-le glisser dans la zone de codage. Cette action indique à ton programme qu'il doit *initialiser* la variable avec une valeur de 0. Ensuite, clique sur la catégorie **Apparence** de la palette de blocs et fais glisser le bloc **dire Bonjour ! pendant 2 secondes** sous ton bloc **mettre boucles à 0**.

Comme tu l'as constaté précédemment, les blocs **dire Bonjour !** font dire au sprite de chat tout ce que tu écris. Cependant, plutôt que d'écrire toi-même le message dans le bloc, tu peux utiliser une variable à la place. Clique à nouveau sur la catégorie **Variables** dans la palette de blocs, puis clique et fais glisser le bloc arrondi  (dénommé *bloc rapporteur*), qui se trouve en haut de la liste et qui est assorti d'une case à cocher, en le superposant au mot **Bonjour !** dans ton bloc `dire Bonjour ! pendant 2 secondes`. Tu obtiens ainsi un nouveau bloc combiné : `dire boucles pendant 2 secondes`.

Clique sur la catégorie **Événements** dans la palette des blocs, puis clique et fais glisser `quand ⚑ est cliqué` et place-le en tête de ta séquence de blocs. Clique sur le drapeau vert au-dessus de la scène. Tu verras le chat dire « **0** » (**Figure 4-6**), c'est-à-dire la valeur que tu as attribuée à la variable **boucles**.

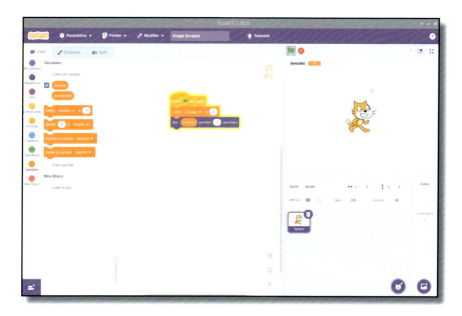

Figure 4-6   Cette fois, le chat prononcera la valeur de la variable

Mais les variables ne sont pas immuables. Clique sur la catégorie **Variables** dans la palette des blocs, puis clique et fais glisser le `ajouter 1 à boucles` bloc, pour le placer à la fin de ta séquence de blocs.

Clique ensuite sur la catégorie **Contrôle**, puis clique et fais glisser un bloc répéter 10 fois et place-le de manière à ce qu'il se trouve immédiatement sous ton bloc mettre boucles à 0 et qu'il entoure les autres blocs de ta séquence.

Clique à nouveau sur le drapeau vert. Cette fois, le chat comptera de 0 à 9. Cette séquence fonctionne parce que ton programme change, ou *modifie* la variable : chaque fois que la boucle s'exécute, le programme ajoute un à la valeur de la variable « boucles » (**Figure 4-7**).

COMPTER À PARTIR DE ZÉRO

La boucle que tu as créée s'exécute dix fois, mais le sprite de chat ne compte que jusqu'à neuf, et c'est dû au fait que la valeur de départ de notre variable est zéro. En comptant le zéro et le neuf, il y a dix numéros entre les deux.Le programme s'arrête donc avant que le chat ne prononce le « 10 ». Pour changer cela, tu peux définir la valeur initiale de la variable sur 1 au lieu de 0.

Ce que tu peux faire avec une simple variable ne se limite pas à la modifier. Clique sur le bloc dire boucles pendant 2 secondes et fais-le glisser pour le séparer du bloc répéter 10 fois et le placer sous le bloc répéter 10 fois . Clique sur le bloc répéter 10 fois et fais-le glisser dans la palette des blocs pour le supprimer, puis remplace-le par un bloc répéter jusqu'à ce que , en veillant à ce que celui-ci soit connecté à la partie inférieure du bloc mettre boucles à 0 . Il doit entourer les deux autres blocs de ta séquence. Clique ensuite sur la catégorie **Opérateurs**, indiquée en vert dans la palette des blocs, puis clique et fais glisser le losange ⬦ ◯ = ◯ ⬦ afin de le placer dans l'espace en forme de losange qui se trouve dans le bloc répéter jusqu'à ce que .

Ce bloc **Opérateurs** te permet de comparer deux valeurs, y compris des variables. Clique sur la catégorie **Variables**, fais glisser le bloc rapporteur boucles dans l'espace vide du bloc ⬦ ◯ = ◯ ⬦ **Opérateurs**, puis clique sur l'espace indiquant **50** et saisis le chiffre **10**.

rie **Apparence**, puis clique dessus pour le modifier afin qu'il dise : **Bonjour !** **Je suis l'astronaute britannique Tim Peake, de l'ESA. Tu es prêt(e) ?**

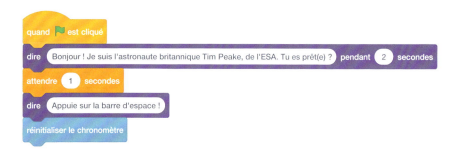

Ajoute un bloc `attendre 1 secondes` de la catégorie **Contrôle**, puis un bloc `dire Bonjour !`. Modifie ce bloc pour lui faire dire « **Appuie sur la barre d'espace !** », puis ajoute un bloc `réinitialiser le chronomètre` de la catégorie **Capteurs**. Ce bloc contrôle une variable spéciale intégrée dans Scratch pour mesurer le temps, et sera utilisé pour chronométrer ta vitesse de réaction dans le jeu.

Ajoute un bloc `attendre jusqu'à ce que` de la catégorie **Contrôle**, puis fais glisser un bloc `touche espace pressée ?` de la catégorie **Capteurs** dans son espace blanc. Cette action met en pause le programme, jusqu'à ce que tu appuies sur la touche **ESPACE** du clavier, sans toutefois arrêter le chronomètre qui mesurera exactement le temps qui s'écoule entre le message « **Appuie sur la barre d'espace !** » et le moment où tu appuies effectivement sur la touche **ESPACE**.

Tu dois maintenant demander à Tim, d'une manière très simple à lire pour toi, combien de temps il t'a fallu pour appuyer sur la touche **ESPACE**. Pour ce faire, tu vas avoir besoin d'un bloc **regrouper** de la catégorie **Opérateurs**. Ce bloc regroupe deux valeurs l'une après l'autre, y compris des variables, en une opération dénommée *concaténation*.

Commence par un bloc **dire Bonjour !**, puis fais glisser et dépose un bloc **regrouper** de la catégorie **Opérateurs** sur le mot **Bonjour !**. Clique sur **pomme** et saisis **Ton temps de réaction a été de** (vérifie que tu as bien un espace vide à la fin) puis fais glisser un autre bloc **regrouper** par-dessus **banane** dans la deuxième boîte. Fais glisser un bloc **chronomètre** Reporter (de valeur) de la catégorie **Capteurs** dans la case du milieu et saisis **secondes** dans la dernière case. N'oublie pas d'inclure un espace vide au début.

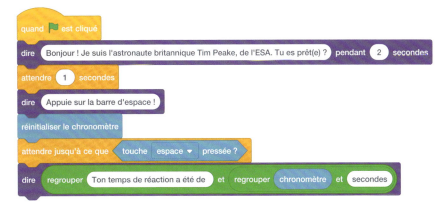

Enfin, fais glisser un bloc **mettre ma variable à 0** de la catégorie **Variables** à la fin de ta séquence. Clique sur la flèche déroulante à côté de « **ma variable** » et clique sur « **temps** » dans la liste, puis remplace le **0** par un bloc **chronomètre** Reporter (de valeur) de la catégorie **Capteurs**. Tu peux maintenant tester ton programme en cliquant sur le drapeau vert au-dessus de la scène. Prépare-toi, et dès que tu vois apparaître le message « **Appuie sur la barre d'espace !** », appuie sur la barre **ESPACE** le plus rapidement possible (**Figure 4-13**).

Voyons si tu réussis à battre notre score !

Tu peux compléter ce projet en lui demandant de calculer approximative-ment la distance parcourue par la Station spatiale internationale (ISS) pen-dant le temps qu'il t'a fallu pour appuyer sur la touche **ESPACE**, sur la base de la vitesse officielle de l'ISS, soit sept kilomètres par seconde. Tout d'abord, crée une nouvelle variable appelée **distance**. Tu peux remarquer que les blocs de la catégorie **Variables** affichent automatiquement la nouvelle va-riable, mais que les blocs de variables **temps** existants dans ton programme restent les mêmes.

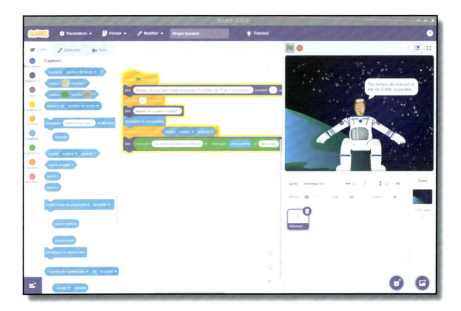

Figure 4-13   Et maintenant, jouons !

Ajoute un bloc **mettre distance à 0** , puis fais glisser un bloc ⬭ * ⬭ de la catégorie **Opérateurs**, qui indique une multiplication, sur le bloc **0**. Fais glisser un bloc **temps** **Reporter** (de valeur) sur le premier espace vide, puis saisis le numéro **7** dans le deuxième espace. Lorsque tu as terminé, ton bloc combiné indique **mettre distance à time * 7** . Ce faisant, tu peux mesurer le temps qu'il t'a fallu pour appuyer sur la barre **ESPACE** et le multiplier par sept, pour obtenir la distance en kilomètres parcourue par l'ISS pendant ce temps.

```
quand [drapeau] est cliqué
dire  Bonjour ! Je suis l'astronaute britannique Tim Peake, de l'ESA. Tu es prêt(e) ?  pendant  2  secondes
attendre  1  secondes
dire  Appuie sur la barre d'espace !
réinitialiser le chronomètre
attendre jusqu'à ce que  touche  espace ▾  pressée ?
dire  regrouper  Ton temps de réaction a été de  et  regrouper  chronomètre  et  secondes
mettre  temps ▾  à  chronomètre
mettre  distance ▾  à  temps  *  7
```

Ajoute un bloc **attendre 1 secondes** et modifie-le par **4**. Enfin, fais glisser un autre bloc **dire Bonjour !** à la fin de ta séquence et ajoute deux blocs **regrouper**, comme tu l'as déjà fait auparavant. Dans le premier espace, à la place de la **pomme**, saisis **Pendant ce temps, l'ISS a parcouru**, en gardant un espace à la fin ; dans l'espace **banane**, saisis **kilomètres.**, en gardant un espace au début.

Enfin, fais glisser un bloc **regrouper** de la catégorie **Opérateurs** dans l'espace vide au milieu, puis fais glisser un bloc de **distance Reporter** (valeur) dans le nouvel espace vide qui s'est créé. Le bloc **regrouper** sert à arrondir les chiffres à leur nombre entier le plus proche, donc au lieu d'un nombre de kilomètres hyper-précis mais difficile à lire, tu obtiens un nombre entier facile à lire.

Clique sur le drapeau vert pour lancer ton programme et voir la distance parcourue par l'ISS dans le temps qu'il te faut pour appuyer sur la touche **ES-PACE (Figure 4-14)**. N'oublie pas de sauvegarder ton programme lorsque tu l'as terminé, pour le retrouver facilement à l'avenir sans avoir à recommencer depuis le début !

DÉFI : ILLUSTRATIONS PERSONNALISÉES

Tu peux cliquer sur un sprite ou un arrière-plan, puis sur l'onglet **Costumes** ou **Arrière-plans** pour faire apparaître un éditeur comprenant des outils de dessin. Es-tu capable de dessiner tes propres personnages et arrière-plans et de modifier le code pour que ton personnage dise quelque chose de différent ?

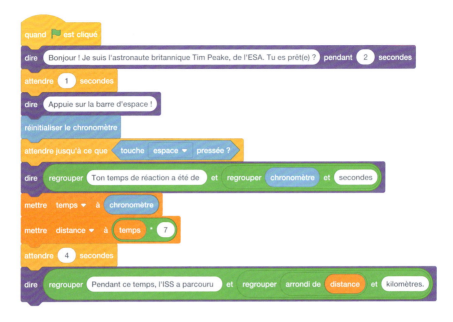

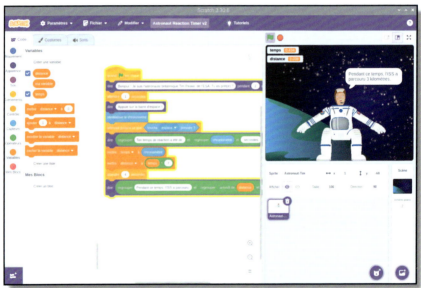

Figure 4-14   Tim t'indique la distance parcourue par l'ISS

Projet 2 : natation synchronisée

La plupart des jeux utilisent plusieurs boutons. Ce projet le démontre en proposant un contrôle à deux boutons utilisant les touches fléchées gauche et droite du clavier.

Crée un nouveau projet et enregistre-le sous le nom de « Natation synchronisée ». Clique sur la **Scène** dans la section de contrôle de la scène, puis sur l'onglet **Arrière-plans** situé en haut à gauche. Clique sur le bouton **Convertir en bitmap** en dessous de l'arrière-plan. Choisis une couleur bleue semblable à celle de l'eau dans la palette **Remplissage** et clique sur l'icône **Remplissage** 🎨 Clique ensuite sur l'arrière-plan à damiers pour le remplir en bleu (**Figure 4-15**).

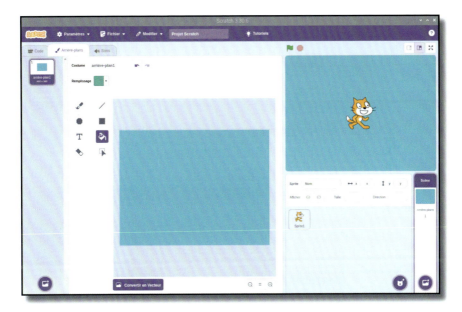

Figure 4-15   Remplis l'arrière-plan en bleu

Clique avec le bouton droit de la souris sur le sprite du chat dans la liste, puis sur **supprimer**. Clique sur l'icône **Choisir un sprite** 🔵 pour afficher une liste des sprites intégrés. Clique sur la catégorie **Animaux** et sur « **Cat Flying** » (**Figure 4-16**), puis sur **OK**. Ce sprite est aussi parfaitement adapté à des projets sur la natation.

Clique sur le nouveau sprite, puis fais glisser deux blocs 🟡quand la touche espace est pressée🟡 de la catégorie **Événements** dans la zone de codage. Clique sur la petite flèche pointant vers le bas qui est située à côté du mot « espace » dans le premier bloc et choisis **flèche gauche** dans la liste des options possibles. Fais glisser un bloc 🔵tourner gauche de 15 degrés🔵 **Mouvement** sous ton bloc 🟡quand la touche flèche gauche est pressée🟡, puis fais

Figure 4-16 Choisis un sprite dans la bibliothèque

de même avec ton deuxième bloc **Événements** en choisissant **flèche droite** dans la liste et en utilisant un bloc **tourner droite de 15 degrés** de la catégorie **Mouvement**.

Appuie sur la flèche gauche ou droite afin de tester ton programme. Le chat commencera à se retourner dans la direction que tu lui dictes sur le clavier. As-tu remarqué que tu n'as pas eu besoin de cliquer sur le drapeau vert cette fois-ci ? En effet, les blocs de déclenchement **Événements** que tu as utilisés sont toujours actifs, même lorsque le programme n'est pas « en cours d'exécution » au sens habituel du terme.

Répète ces mêmes étapes deux fois, mais en choisissant cette fois **flèche haut** et **flèche bas** pour les blocs de déclenchement **Événements**, puis avancer de 10 pas et avancer de -10 pas pour les blocs **Mouvement**. Appuie maintenant sur les touches fléchées. Tu peux maintenant voir que ton chat peut se retourner et nager aussi bien en avant qu'en arrière !

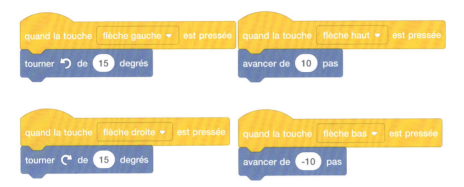

Pour rendre le mouvement du sprite de chat plus réaliste, tu peux modifier son apparence, que l'on appelle en langage Scratch, son *costume*. Clique sur le sprite de chat, puis clique sur l'onglet **Costumes** situé au dessus de la palette des blocs. Clique sur le costume de « **cat flying-a** » et clique sur l'icône 🗑 qui apparaît dans le coin supérieur droit, pour le supprimer. Ensuite, clique sur le costume « **cat flying-b** » et, dans la case du nom en haut, donne-lui le nom de « droite » (**Figure 4-17**).

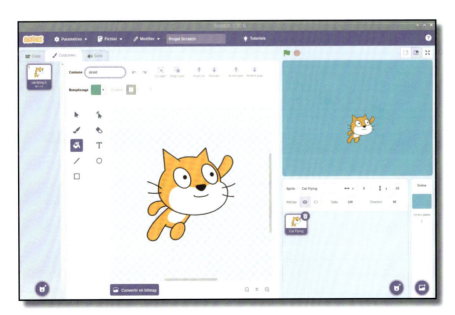

Figure 4-17   Renomme le costume « droite »

Clique avec le bouton droit de la souris sur le costume « droite », que tu viens de renommer, et clique sur **dupliquer** pour en créer une copie. Clique sur cette copie pour la sélectionner, puis clique sur l'icône **Sélectionner** . Ensuite, clique sur l'icône **Retourner horizontalement** . Enfin, renomme le costume dupliqué en « gauche » (**Figure 4-18**). Tu as maintenant deux « costumes » pour ton sprite, qui sont des images en miroir identiques : le premier appelé « droite », avec le chat tourné vers la droite, l'autre appelé « gauche » avec le chat tourné vers la gauche.

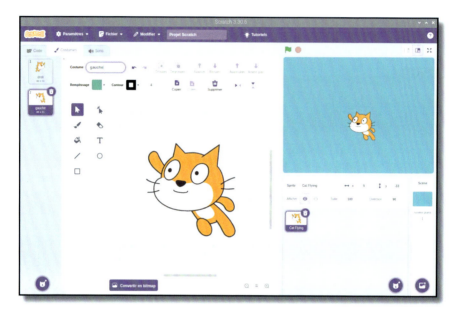

Figure 4-18   Duplique le costume, retourne-le et renomme-le « gauche »

Clique sur l'onglet **Code** au-dessus de la zone des costumes, puis fais glisser deux blocs **basculer sur le costume gauche** de la catégorie **Apparence** sous les blocs **Événements** des flèches gauche et droite, en modifiant celui que tu places en dessous du bloc flèche droite par **basculer sur le costume droit**. Essaie à nouveau les touches fléchées ; le chat se retourne pour se placer dans la direction dans laquelle il nage.

En revanche, pour la natation synchronisée olympique, nous avons besoin de plus de nageurs, et nous devons trouver le moyen de réinitialiser la position du chat. Ajoute un bloc **quand est cliqué** de la catégorie **Événements**, puis, en dessous, un bloc **aller à x: 0 y: 0** de la catégorie **Mouvement**, en modifiant les valeurs si nécessaire, et un bloc **s'orienter à 90** de la catégorie **Mouvement**. Maintenant, quand tu cliques sur le drapeau vert, le chat se déplace au milieu de la scène en regardant vers la droite.

Pour créer plus de nageurs, ajoute un bloc **répéter 6 fois**, en modifiant la valeur par défaut de « **10** », et ajoute un bloc **créer un clone de moi-même** de la catégorie **Contrôle** à l'intérieur de celui-ci. Pour que les nageurs ne se déplacent pas tous dans la même direction, ajoute un bloc **tourner droite de 60 degrés** au-dessus du bloc **créer un clone de** mais toujours à l'intérieur du bloc **répéter 6 fois**. Clique sur le drapeau vert, et essaie les touches fléchées dès maintenant pour voir tes nageurs prendre vie !

Pour parfaire l'ambiance olympique, il faut ajouter de la musique. Clique sur l'onglet **Sons** au-dessus de la palette de blocs, puis clique sur l'icône **Choisir un son** 🔊. Clique sur la catégorie **Boucles**, puis parcours la liste (**Figure 4-19**) jusqu'à trouver une musique qui te plaise ; nous avons choisi « **Dance Around** ». Clique sur le bouton **Ok** pour choisir la musique, puis clique sur l'onglet **Code** pour ouvrir à nouveau la zone de codage.

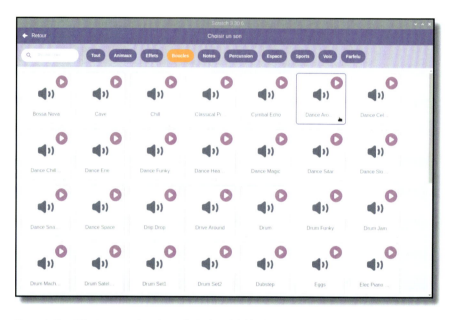

Figure 4-19   Sélectionne une boucle musicale dans la bibliothèque de sons

Ajoute un autre bloc quand 🚩 est cliqué de la catégorie **Événements** dans ta zone de codage, puis ajoute un bloc répéter indéfiniment de la catégorie **Contrôle**.   Dans   ce   bloc   **Contrôle**,   ajoute   un   bloc jouer le son dance around jusqu'au bout, sans oublier de rechercher le nom du morceau de musique que tu as choisi, et clique sur le drapeau vert pour tester ton nouveau programme. Si tu veux arrêter la musique, clique sur le bouton stop (l'octogone rouge) pour arrêter le programme et arrêter le son !

Enfin, tu peux simuler une routine de danse complète en ajoutant un nouvel événement déclencheur à ton programme. Ajoute un bloc

quand la touche espace est pressée de la catégorie **Événements**, puis un bloc **basculer sur le costume droit**. En dessous, ajoute un bloc **répéter 36 fois** (n'oublie pas de modifier la valeur par défaut), et à l'intérieur de celui-ci un bloc **tourner droite de 10 degrés** et un bloc **avancer de 10 pas**.

Clique sur le drapeau vert pour lancer le programme, puis appuie sur la barre **ESPACE** pour tester la nouvelle routine (**Figure 4-20**), et enregistre ton programme lorsque tu as terminé.

Figure 4-20 La routine de natation synchronisée une fois configurée

DÉFI : ROUTINE PERSONNALISÉE

Es-tu capable de créer ta propre routine de natation synchronisée en utilisant des boucles ? Que faut-il modifier si tu souhaites ajouter ou retirer des nageurs ? Peux-tu ajouter plusieurs routines de natation qui peuvent être lancées en appuyant sur différentes touches de clavier ?

Projet 3 : jeu de tir à l'arc

Maintenant que tu maîtrises un peu Scratch, il est temps de passer à quelque chose de plus difficile : un jeu de tir à l'arc, où le joueur doit atteindre une cible à l'aide d'un arc et de flèches qui se déplacent de façon aléatoire.

Ouvre le navigateur Web Chromium et saisis **rptl.io/archery** dans la barre d'adresse, puis appuie sur la touche **ENTRÉE**. Les ressources du jeu sont contenues dans un fichier zip que tu vas devoir décompresser. Pour ce faire, clique avec le bouton droit de la souris sur le fichier et sélectionne **Extraire ici**. Retourne sur Scratch 3 et clique sur le menu **Fichier**, puis sur **Importer depuis votre ordinateur**. Clique sur **ArcheryResources.sb3** puis sur le bouton **Choisir**. Tu vas devoir préciser si tu souhaites remplacer le contenu de ton projet actuel. Si tu n'as pas enregistré tes modifications, clique sur **Annuler** et enregistre-les, sinon clique sur **Ok**.

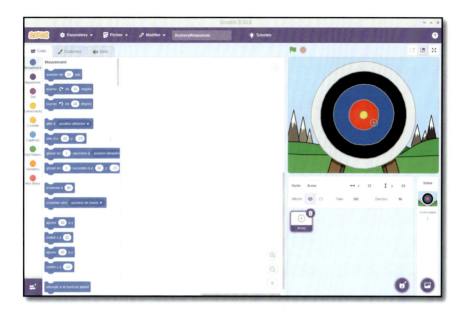

Figure 4-21   Ressources du projet chargées pour le jeu de tir à l'arc

Le projet que tu viens de charger contient un arrière-plan et un sprite (**Figure 4-21**), mais il ne contient pas le code nécessaire à la réalisation d'un jeu : ce sera donc à toi de t'en charger. Commence par ajouter un bloc `quand` 🚩 `est cliqué`, puis un bloc `envoyer à tous message1`. Clique sur la flèche pointant vers le bas à la fin du bloc, puis sur « **Nouveau message** », et saisis « **nouvelle flèche** » avant de cliquer sur le bouton **Ok**. Ton bloc indique maintenant : `envoyer à tous nouvelle flèche`.

Un envoi est un message d'une partie de ton programme qui peut être reçue par toute autre partie de ce dernier. Pour qu'il fonctionne réellement, ajoute un bloc `quand je reçois message1` et modifie-le à nouveau pour qu'il indique `quand je reçois nouvelle flèche`. Cette fois-ci, il te suffit de cliquer sur la flèche pointant vers le bas et de choisir **nouvelle flèche** dans la liste ; tu n'as pas besoin de créer de nouveau le message.

Sous ton bloc `quand je reçois nouvelle flèche`, ajoute un bloc `aller à x: -150 y: -150` et un bloc `mettre la taille à 400 % de la taille initiale`. N'oublie pas que ce ne sont pas les valeurs par défaut de ces blocs, tu vas donc devoir les modifier une fois que tu les auras fait glisser sur la zone de codage. Clique sur le drapeau vert pour voir ce que tu as créé jusqu'à présent : le sprite de flèche, que le joueur utilise pour viser la cible, se positionne en bas à gauche de la scène et sa taille est multipliée par quatre.

Pour augmenter un peu la difficulté pour le joueur, ajoute des mouvements afin de simuler le balancement de l'arc lorsqu'il est tendu et que l'archer vise. Fais glisser un bloc **répéter indéfiniment**, suivi d'un bloc **glisser en 1 secondes à x: -150 y: -150**. Modifie la première case blanche pour qu'elle indique **0.5** au lieu de **1**, puis place un bloc **nombre aléatoire entre -150 et 150** de la catégorie **Opérateurs** dans chacune des deux autres cases blanches. Ainsi, la flèche va dériver autour de la scène dans une direction et sur une distance qui seront aléatoires, ce qui rend la cible beaucoup plus difficile à atteindre !

Clique à nouveau sur le drapeau vert, et tu vas voir quel est l'effet de ce bloc : ton sprite de flèche se déplace maintenant autour de la scène, couvrant différentes parties de la cible. Pour l'instant, cependant, il est impossible pour toi de toucher la cible avec ta flèche.

Fais glisser un bloc **quand la touche espace est pressée** dans ta zone de codage, suivi d'un bloc **stop tout** de la catégorie **Contrôle**. Clique sur la flèche vers le bas à la fin du bloc et modifie-le pour qu'il indique **stop autres scripts dans sprite**.

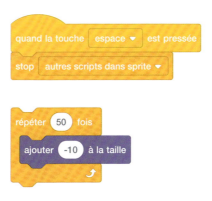

Si tu avais arrêté ton programme pour ajouter les nouveaux blocs, clique maintenant sur le drapeau vert pour le relancer, puis appuie sur la touche **ESPACE** : le sprite flèche s'arrêtera de bouger. C'est un début, mais il faudra bien que la flèche atteigne la cible. Ajoute un bloc `répéter 50 fois` puis un bloc `ajouter -10 à la taille`, puis clique sur le drapeau vert pour tester à nouveau ton jeu. Cette fois, la flèche semble s'éloigner de toi pour aller en direction de la cible.

Pour rendre le jeu plus amusant, tu peux ajouter un moyen de compter les points. Toujours dans la même pile de blocs, ajoute un bloc `si alors` en t'assurant qu'il est en dessous du bloc `répéter 50 fois` et non à l'intérieur, avec un bloc `couleur touchée ?` de la catégorie **Capteurs** dans son espace en forme de losange. Pour choisir la bonne couleur, clique sur la case colorée à la fin du bloc **Capteurs**, puis sur l'icône **de pipette** 🖋. Clique ensuite sur le centre de la cible, indiqué en jaune, sur la scène.

Ajoute un bloc `jouer le son cheer` et un bloc `dire 200 points pendant 2 secondes` à l'intérieur du bloc `si alors` pour que le joueur sache qu'il a marqué. Enfin, ajoute un bloc `envoyer à tous nouvelle flèche` tout en bas de la pile de blocs, en dessous et en dehors du bloc `si alors`, pour donner une nouvelle flèche au joueur à chaque fois qu'il en tire une. Clique sur le drapeau vert pour lancer ton jeu, et essaie d'atteindre le centre de la cible jaune : lorsque tu y parviens, tu es récompensé par les acclamations de la foule et un score de 200 points !

À ce stade, le jeu fonctionne, mais il est peut-être un peu trop difficile. En utilisant ce que tu as appris dans ce chapitre, essaie d'ajouter des points à chaque fois que tu atteins la cible, même si ce n'est pas en plein dans le mille : 100 points pour le rouge, 50 points pour le bleu, et ainsi de suite.

Pour essayer d'autres projets Scratch, consulte l'Annexe D, *Lectures complémentaires.*

```
quand [drapeau] est cliqué
envoyer à tous  nouvelle flèche ▼
```

```
quand je reçois  nouvelle flèche ▼
aller à x:  -150  y:  -150
mettre la taille à  400  % de la taille initiale
répéter indéfiniment
    glisser en  0.5  secondes à x:  nombre aléatoire entre  -150  et  150   y:  nombre aléatoire entre  -150  et  150
```

```
quand la touche  espace ▼  est pressée
stop  autres scripts dans sprite ▼
```

```
répéter  50  fois
    ajouter  -10  à la taille
si  couleur (   ) touchée ?  alors
    jouer le son  cheer ▼
    dire  200 points  pendant  2  secondes
envoyer à tous  nouvelle flèche ▼
```

? DÉFI : PEUX-TU AMÉLIORER LE JEU ?

Comment pourrais-tu simplifier le jeu ? Comment le rendre plus complexe ? Peux-tu utiliser des variables pour que le score du joueur augmente à mesure qu'il tire plus de flèches ? Peux-tu ajouter un compte à rebours pour mettre plus de pression au joueur ?

Chapitre 5

Programmation avec Python

Maintenant que tu t'es familiarisé avec Scratch, nous allons passer au codage en utilisant le langage Python.

Le Python, qui tire son nom de la troupe de comédiens Monty Python, a été inventé par Guido van Rossum, au départ comme un passe-temps – dévoilé au public en 1991 – avant de devenir un langage de programmation très apprécié et qui est utilisé dans un large éventail de projets. Contrairement à l'environnement visuel de Scratch, Python est basé sur le texte : tu écris des instructions, en utilisant un langage simplifié et un format spécifique, que l'ordinateur exécute ensuite.

Python est une nouvelle étape importante pour ceux qui ont déjà utilisé Scratch ; il offre une plus grande flexibilité et un environnement de programmation plus « traditionnel ». Mais cela ne veut pas dire pour autant qu'il est difficile à apprendre : avec un peu de pratique, n'importe qui peut écrire des programmes Python pour tout faire, depuis des calculs très simples jusqu'à des jeux extrêmement compliqués.

Le présent chapitre reprend certains des termes et des concepts introduits dans le Chapitre 4, *Programmation avec Scratch 3*. Si tu n' as pas encore fait, nous te conseillons de revenir en arrière et de les faire pour te faciliter la lecture du chapitre te soit beaucoup plus simple.

Présentation de l'IDE Thonny Python

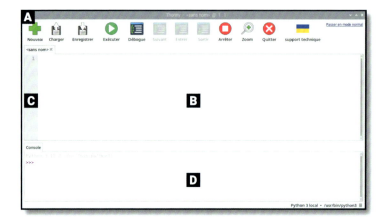

A Barre d'outils   **C** Numéros de ligne

B Zone de script   **D** Shell Python

L'interface « Simple Mode » de Thonny utilise une barre d'icônes conviviale (**A**) en guise de menu ; celle-ci te permet de créer, sauvegarder, charger et exécuter tes programmes Python, et de les tester de plusieurs manières différentes. La zone de script (**B**) est le lieu où tu conçois tes programmes Python. Elle se compose de la zone principale, dédiée à ton programme, et d'une marge latérale étroite affichant les numéros de ligne (**C**). Le Shell Python (**D**) te permet de saisir des instructions individuelles qui sont ensuite exécutées dès que tu appuies sur la touche ENTRÉE et fournit également des informations sur les programmes en cours d'exécution.

VERSIONS THONNY

Thonny possède deux versions principales pour son interface : le « Regular Mode » et le « Simple Mode », qui est plus adapté aux débutants. Ce chapitre utilise le Simple Mode, qui est chargé par défaut lorsque tu ouvres Thonny depuis la section **Programmation** du menu Raspberry Pi.

Pour changer la langue de Thonny, cliquez sur **Python 3 local** en bas à droite de la fenêtre Thonny, puis cliquez sur **Configurer l'interpréteur....** Ensuite, cliquez sur l'onglet **Général**, sélectionnez votre langue, puis cliquez sur **Valider**.

Ton tout premier programme Python : Bonjour tout le monde !

Tout comme n'importe quel autre programme préinstallé sur Raspberry Pi, Thonny est disponible à partir du menu : clique sur l'icône Raspberry Pi, déplace le curseur sur la section **Programmation** et clique sur **Thonny**. Après quelques secondes, l'interface utilisateur de Thonny (Simple Mode par défaut) sera chargée.

Thonny est un progiciel connu sous le nom d'*environnement de développement intégré (IDE)*, un nom compliqué dont l'explication est pourtant toute simple. Il rassemble, ou *intègre*, les différents outils dont tu as besoin pour écrire, ou *développer*, des logiciels dans une interface utilisateur unique, ou *environnement*. Il existe de nombreux IDE, dont certains prennent en charge de nombreux langages de programmation différents, tandis que d'autres, comme Thonny, se concentrent sur la prise en charge d'un seul langage.

Contrairement à Scratch, qui te propose des blocs de construction visuels pour créer ton programme, Python est un langage de programmation plus traditionnel basé sur l'écriture. Crée ton premier programme en cliquant sur la zone du Shell Python, en bas à gauche de la fenêtre de Thonny, puis en saisissant l'instruction suivante avant d'appuyer sur la touche **ENTRÉE** :

```
print("Bonjour tout le monde !")
```

Lorsque tu appuies sur **ENTRÉE**, tu peux voir que ton programme commence à fonctionner instantanément. Python te répondra, dans la même zone du Shell, avec le message « Bonjour tout le monde ! » (**Figure 5-1**), comme tu l'as demandé. C'est parce que le Shell constitue une ligne directe avec l'*interprète* Python, dont le rôle consiste à examiner tes instructions et à *interpréter* leur signification. C'est ce que l'on appelle un *mode interactif*, qui peut être apparenté à une conversation en face à face avec quelqu'un : tu dis quelque chose, l'autre personne te répond et attend ce que tu vas dire ensuite.

> **ERREUR DE SYNTAXE**
>
> Si ton programme ne s'exécute pas et qu'il affiche un message « syntax error » dans la zone du Shell, cela signifie que ce que tu as écrit contient une erreur quelque part. L'écriture des instructions de Python doit suivre des normes très spécifiques : si tu oublies une parenthèse ou un guillemet, si tu écris mal « print » (par exemple en mettant un P majuscule), ou si tu ajoutes des symboles supplémentaires quelque part dans l'instruction, celle-ci ne fonctionnera pas. Essaie de saisir à nouveau les instructions et vérifie qu'elles correspondent exactement à la version écrite ici avant d'appuyer sur la touche **ENTRÉE**.

Figure 5-1   Python affiche le message « Bonjour tout le monde ! » dans la zone du Shell

Tu n'es cependant pas obligé d'utiliser Python en mode interactif. Clique sur la zone de script située au centre de la fenêtre de Thonny, puis saisis à nouveau ton code :

```python
print("Bonjour tout le monde !")
```

Lorsque tu appuies sur la touche **ENTRÉE**, cette fois-ci, il ne se passe rien, hormis l'apparition d'une ligne en blanc dans la zone de script. Pour que cette version de ton programme fonctionne, tu dois cliquer sur l'icône **Exécuter** ⓞ dans la barre d'outils de Thonny. Mais avant cela, tu dois cliquer sur l'icône **Enregistrer** ⓜ. Donne à ton programme un nom descriptif, comme **Hello World.py** et clique sur le bouton **Valider**. Une fois que tu as sauvegardé ton programme, clique sur l'icône **Exécuter** ⓞ. Tu vas alors voir deux messages apparaître dans la zone du Shell Python (**Figure 5-2**) :

```
>>> %Run 'Bonjour tout le monde.py'
 Bonjour tout le monde !
```

La première de ces lignes est une instruction de Thonny disant à l'interprète Python d'exécuter le programme. La seconde est le résultat d'exécution du programme, c'est-à-dire le message que tu as demandé à Python d'imprimer. Félicitations : tu as écrit et exécuté ton premier programme Python en mode interactif et en mode script !

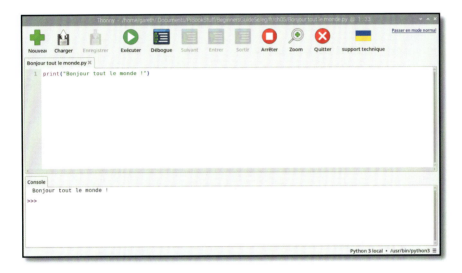

Figure 5-2   Exécuter un programme simple

Prochaines étapes : boucles et indentation de code

Tout comme Scratch utilise des piles de blocs ressemblant à des pièces de puzzle pour contrôler quelles parties du programme se connectent à quelles autres parties, Python a sa propre façon de contrôler l'ordre dans lequel ses programmes s'exécutent : l'*indentation*. Crée un programme en cliquant sur l'icône **Nouveau** 🟊 dans la barre d'outils Thonny. Tu ne perdras pas ton programme existant ; Thonny créera un nouvel onglet au-dessus de la zone de script. Saisis le code suivant :

```python
print("Début de boucle !")
for i in range(10):
```

La première ligne imprime un message simple dans le Shell, tout comme ton programme Bonjour tout le monde !. Le second commence une *boucle* qui fonctionne de la même manière que dans Scratch : un compteur, **i**, est assigné à la boucle et reçoit une série de nombres à compter. Il s'agit de l'instruction **range**, qui indique au programme de commencer au chiffre 0 et de remonter vers le chiffre 10, sans jamais l'atteindre. Le symbole des deux points (**:**) indique à Python que l'instruction suivante doit être incluse dans la boucle.

Dans Scratch, les instructions à inclure dans la boucle sont incluses à l'intérieur du bloc en forme de C. Python utilise une approche différente : l'indentation du code. La ligne suivante s'ouvre par quatre espaces vides, que Thonny aura ajouté lorsque tu as appuyé sur **ENTRÉE** après la ligne 2 :

```python
print("Numéro de boucle", i)
```

Les espaces vides repoussent la ligne vers l'intérieur par rapport aux autres lignes. C'est l'indentation qui permet à Python de faire la différence entre les instructions à l'extérieur de la boucle et les instructions à l'intérieur de la boucle ; le code indenté est *imbriqué*.

Tu peux remarquer que lorsque tu as appuyé sur **ENTRÉE** à la fin de la troisième ligne, Thonny a automatiquement indenté la ligne suivante, en supposant qu'elle fait partie de la boucle. Pour supprimer l'indentation, il suffit d'appuyer sur la touche **RETOUR ARRIÈRE** avant de saisir la quatrième ligne :

```python
print("Fin de boucle !")
```

Ton code de quatre lignes est terminé. La première ligne se trouve en dehors de la boucle et ne sera donc exécutée qu'une seule fois. La deuxième ligne met en place la boucle ; la troisième se trouve à l'intérieur de la boucle et s'exécute une fois à chaque fois que la boucle est bouclée. Enfin, la quatrième ligne se situe à nouveau en dehors de la boucle.

```python
print("Début de boucle !")
for i in range(10):
    print("Numéro de boucle", i)
print("Fin de boucle !")
```

Clique sur l'icône **Enregistrer** 🖫, enregistre le programme sous **Indentation.py**, puis clique sur l'icône **Exécuter** 🟢 et regarde la zone du Shell de la sortie de ton programme (**Figure 5-3**) :

```
Début de boucle !
Numéro de boucle 0
Numéro de boucle 1
Numéro de boucle 2
Numéro de boucle 3
Numéro de boucle 4
```

```
Numéro de boucle 5
Numéro de boucle 6
Numéro de boucle 7
Numéro de boucle 8
Numéro de boucle 9
Fin de boucle !
```

Figure 5-3   Exécution d'une boucle

COMPTER À PARTIR DE ZÉRO

Python est un langage à indexation zéro, c'est-à-dire qu'il commence à compter à partir de 0 et non de 1. C'est pourquoi ton programme imprime les chiffres de 0 à 9 plutôt que de 1 à 10. Si tu le souhaites, tu pourrais modifier ce comportement en passant de l'instruction `range(10)` à `range(1, 11)`, ou à tout autre nombre de ton choix.

L'indentation est un élément essentiel et intégral de Python et l'une des raisons fréquentes pour lesquelles un programme ne fonctionne pas comme tu pourrais l'espérer. Lorsque tu cherches des problèmes dans un programme, un processus connu sous le nom de *débogage*, tu dois toujours vérifier l'indentation, surtout quand tu commences à imbriquer des boucles les unes dans les autres.

Python prend en charge les boucles *infinies*, qui par définition, s'exécutent sans fin. Pour changer ton programme d'un programme à boucle définie à un programme à boucle infinie, modifie la ligne 2 comme suit :

```
while True:
```

À présent, si tu cliques sur l'icône **Exécuter** , tu obtiens alors le message d'erreur suivant : `name 'i' is not defined`. Cela est dû au fait que tu as supprimé la ligne qui a créé et attribué une valeur à la variable **i**.

Pour y remédier, il suffit de modifier la ligne 3 pour qu'elle n'utilise plus la variable :

```python
print("Boucle en cours !")
```

Clique sur l'icône **Exécuter** , et, si tu es assez rapide, tu vas voir le message « **Début de boucle !** » suivi d'une interminable série de messages « **Boucle en cours !** » (Figure 5-4). Le message « **Fin de boucle !** » ne s'affiche jamais car la boucle est infinie : chaque fois que Python termine d'afficher le message « **Boucle en cours !** », il revient au point de départ de la boucle et l'affiche une nouvelle fois.

Figure 5-4 Une boucle infinie continue jusqu'à ce que tu arrêtes le programme

Clique sur l'icône **Arrêter** de la barre d'outils Thonny pour indiquer au programme de s'interrompre, une action connue sous le nom d'*interruption* du programme. Un message s'affiche alors dans la zone du Shell Python, et le programme s'arrête, sans jamais atteindre la ligne 4.

DÉFI : BOUCLER LA BOUCLE

Peux-tu revenir en arrière vers une boucle définie ? Peux-tu ajouter une deuxième boucle définie au programme ? Comment ajouterais-tu une boucle à l'intérieur d'une boucle et comment penses-tu que cela fonctionnera ?

Conditions et variables

En Python, comme c'est le cas pour tous les langages de programmation, les variables sont utiles à bien plus que contrôler des boucles. Commence un nouveau programme en cliquant sur l'icône **Nouveau** ➕ dans le menu de Thonny, puis saisis le code suivant dans la zone de script :

```python
userName = input("Comment t'appelles-tu ? ")
```

Clique sur l'icône **Enregistrer** 🖫, enregistre ton programme sous **Test de Nom.py**, clique sur **Exécuter** ▶, puis observe ce qui se produit dans la zone du Shell. Tu devrais voir une invite qui te demande d'indiquer ton nom. Saisis-le dans la zone du Shell, puis appuie sur **ENTRÉE**. Comme c'est la seule instruction de ton programme, il ne se passera rien d'autre (**Figure 5-5**). Si tu souhaites exploiter les données que tu as placées dans la variable, tu auras besoin d'ajouter des lignes à ton programme.

Figure 5-5 La fonction **input** permet de demander à un utilisateur de saisir du texte

Pour que ton programme exploite la donnée du nom, ajoute une *déclaration conditionnelle* en saisissant ce qui suit :

```python
if userName == "Clark Kent":
    print("Tu es Superman !")
else:
    print("Tu n'es pas Superman !")
```

N'oublie pas que lorsque Thonny vois que ton code doit être indenté, il le fait automatiquement, mais il ne sait pas à quel moment l'indentation de ton code doit cesser. C'est pourquoi tu devras donc supprimer les espaces toi-même avant de saisir `else:`.

Clique sur **Exécuter** ● et saisis ton nom dans la zone du Shell. À moins que tu ne t'appelles effectivement Clark Kent, tu verras alors apparaître le message « Tu n'es pas Superman ! ». Clique à nouveau sur **Exécuter** ● et cette fois, entre le nom « Clark Kent », en veillant à l'écrire exactement comme dans le programme, avec un C et un K majuscules. Cette fois, le programme reconnaît que tu es le véritable Superman, en chair et en os (**Figure** 5-6).

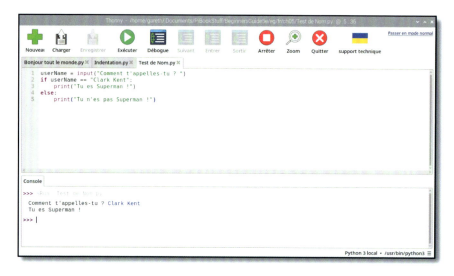

Figure 5-6   Tu ne devrais plutôt être en train de sauver la planète ?

Les symboles `==` indiquent à Python qu'il doit effectuer une comparaison directe, en cherchant à savoir si la variable `userName` correspond au texte (connu sous le nom de *chaîne*) dans ton programme. Si tu travailles avec des chiffres, tu peux effectuer d'autres comparaisons : `>` pour déterminer si un nombre est supérieur à un autre, `<` pour déterminer s'il est inférieur, `=>` pour définir si un nombre est égal ou supérieur à, et `=<` pour définir s'il est égal ou inférieur à. Le symbole `!=`, en revanche, signifie différent de, donc l'exact opposé de `==`. Ces symboles sont connus sous le nom d'*opérateurs de comparaison*.

UTILISATION DE = ET DE ==

En ce qui concerne l'utilisation des variables, il est essentiel d'apprendre la différence entre = et ==. Pour rappel, = signifie « rendre cette variable égale à cette valeur », alors que == signifie « vérifier si la variable est égale à cette valeur ». Les confondre, c'est se retrouver avec un programme qui ne fonctionne pas sur les bras !

Tu peux également utiliser des opérateurs de comparaison dans les boucles. Supprime les lignes 2 à 5, puis saisis à la place les lignes suivantes :

```
while userName != "Clark Kent":
    print("Tu n'es pas Superman, réessaie !")
    userName = input ("Comment t'appelles-tu ? ")
print("Tu es Superman !")
```

Clique à nouveau sur l'icône **Exécuter** . Cette fois, au lieu de s'interrompre, le programme va te demander ton nom jusqu'à confirmer que tu es bien Superman (**Figure 5-7**), un peu comme le ferait un simple mot de passe. Pour sortir de la boucle, saisis « Clark Kent » ou clique sur l'icône **Arrêter** de la barre d'outils de Thonny. Félicitations : tu sais maintenant utiliser des conditions et des variables !

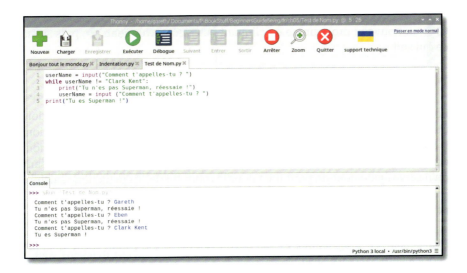

Figure 5-7   Le programme te demandera ton nom jusqu'à ce que tu répondes « Clark Kent »

DÉFI : AJOUTER DES QUESTIONS

Peux-tu modifier le programme afin de poser plusieurs questions, en stockant les réponses dans plusieurs variables ? Peux-tu créer un programme qui utilise des conditions et des opérateurs de comparaison qui signalent, lorsqu'un utilisateur saisit un nombre, si celui-ci est supérieur ou inférieur à 5, comme le programme que tu as précédemment créé dans le Chapitre 4, *Programmation avec Scratch 3* ?

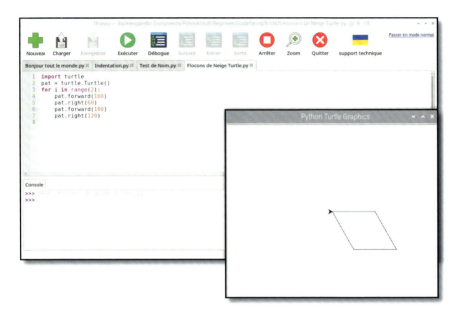

Figure 5-9 En combinant des virages et des mouvements, tu peux dessiner des formes

Ton programme ne fonctionnera pas tel quel, car la boucle existante n'est pas correctement indentée. Pour y remédier, clique sur le début de chaque ligne de la boucle existante (lignes 4 à 8) et appuie quatre fois sur la touche **ESPACE** pour corriger l'indentation. Ton programme devrait maintenant ressembler à ceci :

```python
import turtle
pat = turtle.Turtle()
for i in range(10):
    for i in range(2):
        pat.forward(100)
        pat.right(60)
        pat.forward(100)
        pat.right(120)
    pat.right(36)
```

Clique sur l'icône **Exécuter** ⊙, et observe le robot Turtle : il dessinera un parallélogramme, comme auparavant, mais quand il aura terminé, il pivotera de 36 degrés et en dessinera un autre, puis un autre encore, et ainsi de suite jusqu'à ce qu'il y ait dix parallélogrammes qui se chevauchent sur l'écran, rappelant un flocon de neige (**Figure 5-10**).

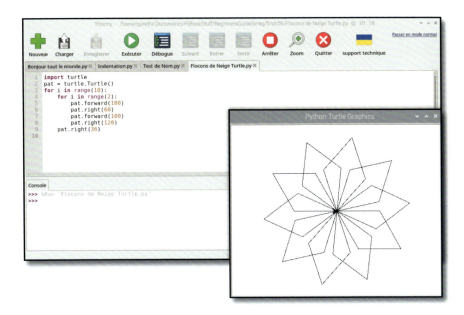

Figure 5-10   Répéter une forme pour donner un résultat plus complexe

Alors que les dessins d'une tortue robotisée ne comportent qu'une seule couleur, la tortue simulée de Python dispose de toute une palette de couleurs. Ajoute les lignes 3 et 4 suivantes, en poussant les lignes existantes vers le bas :

```
turtle.Screen().bgcolor("blue")
pat.color("cyan")
```

Exécute une nouvelle fois ton programme et tu verras l'effet de ton nouveau code : la couleur de fond de la fenêtre Turtle Graphics est passée au bleu, et le flocon de neige est maintenant de couleur cyan (**Figure 5-11**).

Tu peux également choisir les couleurs de manière aléatoire à partir d'une sélection, en utilisant la bibliothèque **random**. Retourne au début de ton programme et insère les éléments suivants dans la ligne 2 :

```
import random
```

Change la couleur de l'arrière-plan de ce qui est maintenant la ligne 4 de « blue » à « grey », puis crée une nouvelle variable appelée **colours** en insérant une nouvelle ligne 5 :

```
colours = ["cyan", "purple", "white", "blue"]
```

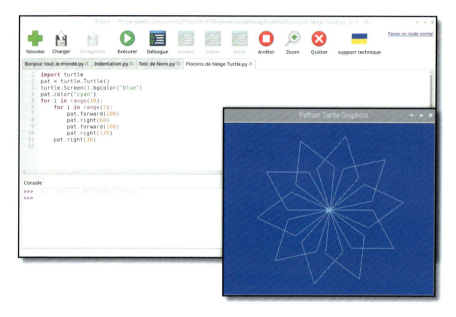

Figure 5-11 Changement de la couleur de l'arrière-plan et du flocon de neige

Ce type de variable est appelé une *liste*, et il est toujours entre crochets. Dans ce cas, la liste est constituée de possibilités de couleurs pour les segments du flocon de neige, mais tu dois tout de même demander à Python d'en choisir une à chaque fois que la boucle se répète. À la fin du programme, saisis ce qui suit, en t'assurant que la ligne est indentée de quatre espaces pour qu'elle fasse partie de la boucle extérieure, tout comme la ligne au-dessus :

```
pat.color(random.choice(colours))
```

ORTHOGRAPHE AMÉRICAINE

De nombreux langages de programmation sont basés sur l'orthographe de l'anglais américain, et Python n'y fait pas exception : la commande de changement de la couleur du crayon du robot turtle s'écrit **color** et si tu l'épèles en suivant l'orthographe britannique **colour**, ton programme ne fonctionnera pas. Pour les variables, en revanche, tu peux choisir l'orthographe de ton choix : tu peux donc appeler ta nouvelle variable **colours**, et Python comprendra.

Clique sur l'icône **Exécuter** ▶ pour dessiner encore une fois le flocon de neige-étoile Ninja. Cette fois, Python choisira cependant une couleur aléatoire dans ta liste au moment de dessiner chaque pétale, ce qui donnera au flocon de neige une touche multicolore, comme présenté dans la **Figure 5-12**.

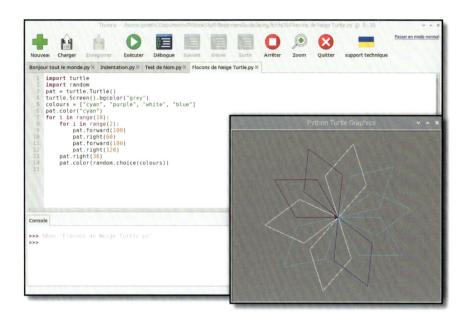

Figure 5-12   Utilisation de couleurs aléatoires pour les « pétales »

Pour que le flocon de neige ressemble plus à un vrai flocon de neige qu'à une étoile ninja, ajoute une nouvelle ligne 6, directement sous ta liste **colours** et saisis les éléments suivants :

```
pat.penup()
pat.forward(90)
pat.left(45)
pat.pendown()
```

Les instructions **penup** et **pendown**, si elles sont utilisées avec un robot turtle, indiquent de poser ou de lever le crayon sur le papier, mais dans le monde virtuel elles donnent simplement à ton robot l'ordre d'arrêter ou de commencer à dessiner des lignes. Cette fois, plutôt que d'utiliser une boucle, tu vas devoir créer une *fonction*, c'est-à-dire un segment de code que tu peux utiliser à tout moment, comme pour créer ta propre instruction Python.

Commence par supprimer le code pour dessiner tes flocons de neige à partir d'un parallélogramme, c'est-à-dire tout ce qui se trouve entre l'instruction **pat.color("cyan")** sur la ligne 10 jusqu'à **pat.right(36)** sur la ligne 17. Laisse l'instruction **pat.color(random.choice(colours))** mais ajoute un dièse (**#**) au début de la ligne. C'est ce que l'on appelle *commenter* une instruction, ce qui signifie que Python va l'ignorer lors de l'exécution du programme.

Les commentaires sont également utiles pour ajouter des explications à ton code, ce qui le rendra beaucoup plus facile à comprendre lorsque tu y reviendras quelques mois plus tard ou si tu l'envoies à quelqu'un d'autre !

Crée ta fonction, qui sera appelée **branch**, en saisissant l'instruction suivante sur la ligne 10, sous **pat.pendown()** :

```python
def branch():
```

Celle-ci *définit* ta fonction en lui donnant un nom, **branch**. Lorsque tu appuies sur la touche **ENTRÉE**, Thonny ajoutera automatiquement une indentation pour les instructions de la fonction. Saisis ce qui suit, en faisant bien attention à l'indentation : à un moment donné, tu vas devoir imbriquer ton code sur trois niveaux d'indentation !

```python
    for i in range(3):
        for i in range(3):
            pat.forward(30)
            pat.backward(30)
            pat.right(45)
        pat.left(90)
        pat.backward(30)
        pat.left(45)
    pat.right(90)
    pat.forward(90)
```

Enfin, crée une nouvelle boucle au bas de ton programme (mais au-dessus de la ligne **color** commentée) pour exécuter, ou *appeler* ta nouvelle fonction :

```python
for i in range(8):
    branch()
    pat.left(45)
```

Une fois terminé, ton programme se présente ainsi :

```python
import turtle
import random

pat = turtle.Turtle()
turtle.Screen().bgcolor("grey")
colours = ["cyan", "purple", "white", "blue"]

pat.penup()
pat.forward(90)
pat.left(45)
```

```
pat.pendown()

def branch():
    for i in range(3):
        for i in range(3):
            pat.forward(30)
            pat.backward(30)
            pat.right(45)
        pat.left(90)
        pat.backward(30)
        pat.left(45)
    pat.right(90)
    pat.forward(90)

for i in range(8):
    branch()
    pat.left(45)
#    pat.color(random.choice(colours))
```

Clique sur **Exécuter** et observe la fenêtre graphique pendant que Pat dessine selon tes instructions. Félicitations : maintenant, ton flocon de neige ressemble beaucoup plus à un vrai flocon de neige (**Figure** 5-13) !

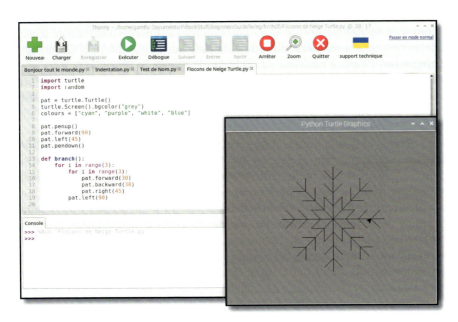

Figure 5-13   Des branches supplémentaires lui donnent l'apparence d'un véritable flocon de neige

résultat. Pygame va créer une fenêtre, la remplir d'un fond noir, puis la fermer presque immédiatement lorsqu'il atteindra l'instruction lui demandant de quitter. À part un court message dans le Shell (**Figure 5-14**), le programme ne fait pas grand-chose pour l'instant.

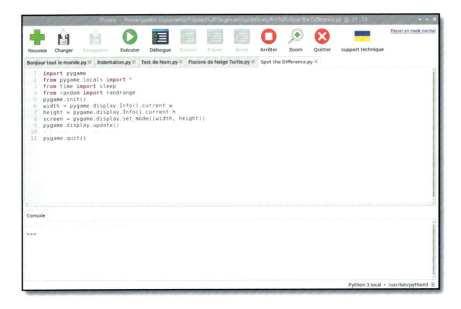

Figure 5-14   Ton programme est fonctionnel, mais il ne fait pas encore grand-chose

Pour afficher ton image servant à identifier les différences, supprime le commentaire au-dessus de **pygame.quit()** et saisis ce qui suit dans l'espace dédié :

```
difference = pygame.image.load('spot_the_diff.png')
```

Pour que l'image remplisse l'écran, tu dois l'adapter à la résolution de l'écran d'ordinateur ou de télévision de ta victime. Tu peux donc saisir :

```
difference = pygame.transform.scale(difference, (width, height))
```

L'image est maintenant dans la mémoire ; tu dois alors dire à Pygame de l'afficher à l'écran, en suivant un processus connu sous le nom de *blitting*, ou *transfert de blocs de bits*. Tu peux donc saisir :

```
screen.blit(difference, (0, 0))
pygame.display.update()
```

La première de ces lignes copie l'image sur l'écran, en commençant par le coin supérieur gauche ; la seconde indique à Pygame qu'il faut redessiner l'écran. Sans cette deuxième ligne, l'image serait à la bonne place dans la mémoire mais tu ne pourrais pas la voir !

Clique sur l'icône **Exécuter** ▶, et l'image, illustrée dans la **Figure** 5-15, apparaîtra brièvement à l'écran.

Figure 5-15   Ton image pour le jeu des différences

Pour que l'image reste plus longtemps à l'écran, ajoute la ligne suivante juste au-dessus de **pygame.quit()** :

```
sleep(3)
```

Clique à nouveau sur l'icône **Exécuter** ▶ et l'image restera plus longtemps à l'écran. Ajoute ton image surprise en saisissant ce qui suit juste en dessous de la ligne **pygame.display.update()** :

```
zombie = pygame.image.load('scary_face.png')
zombie = pygame.transform.scale(zombie, (width, height))
```

Définis un délai, pour que l'image du zombie n'apparaisse pas tout de suite :

```
sleep(3)
```

Ensuite, tu peux faire apparaître l'image à l'écran et la mettre à jour pour qu'elle soit visible pour le joueur :

```
screen.blit(zombie, (0,0))
pygame.display.update()
```

Clique à nouveau sur l'icône **Exécuter** ▶ et observe le résultat : Pygame chargera ton image du jeu des différences, mais après un délai de trois secondes, celle-ci sera remplacée par ce zombie repoussant (**Figure 5-16**) !

Figure 5-16   Voilà de quoi en effrayer plus d'un !

Cependant, l'effet produit peut être un peu trop prévisible si le délai est fixé à trois secondes. Remplace la ligne **sleep(3)** au-dessus de **screen.blit(zombie, (0,0))** par :

```
sleep(randrange(5, 15))
```

Cette action sélectionnera un nombre aléatoire entre 5 et 15, à savoir le nombre de secondes qui composent le délai. Ensuite, ajoute la ligne suivante juste au-dessus de ton instruction **sleep** pour charger le fichier audio du cri :

```
scream = pygame.mixer.Sound('scream.wav')
```

Saisis ce qui suit sur une nouvelle ligne après ton instruction afin de commencer à jouer le son. Celui-ci doit se déclencher juste avant que l'image effrayante ne soit montrée au joueur :

```
scream.play()
```

Enfin, demande à Pygame d'arrêter la lecture du son en saisissant la ligne suivante juste au-dessus de **pygame.quit()** :

```
scream.stop()
```

Clique sur l'icône **Exécuter** ▶ et admire ton œuvre : après quelques secondes de plaisir innocent passées à chercher les différences, un cri à glacer le sang retentira et ton zombie effrayant apparaîtra à l'écran, de quoi donner une peur bleue à tes amis ! Si l'image du zombie apparaît avant le son, tu peux résoudre ce décalage en ajoutant un petit délai juste après ton instruction `scream.play()` et avant ton instruction `screen.blit` :

```
sleep(0.4)
```

Une fois terminé, ton programme se présente ainsi :

```
import pygame
from pygame.locals import *
from time import sleep
from random import randrange

pygame.init()
width = pygame.display.Info().current_w
height = pygame.display.Info().current_h
screen = pygame.display.set_mode((width, height))
pygame.display.update()

difference = pygame.image.load('spot_the_diff.png')
difference = pygame.transform.scale(difference, (width, height))
screen.blit(difference, (0, 0))
pygame.display.update()

zombie = pygame.image.load('scary_face.png')
zombie = pygame.transform.scale (zombie, (width, height))
scream = pygame.mixer.Sound('scream.wav')
sleep(randrange(5, 15))
scream.play()
screen.blit(zombie, (0,0))
pygame.display.update()

sleep(3)
scream.stop()
pygame.quit()
```

Il ne te reste plus qu'à inviter tes amis à jouer au jeu des différences, en veillant bien entendu à ce que leurs haut-parleurs soient allumés !

Projet 3 : aventure textuelle

Maintenant que tu maîtrises Python, il est temps d'utiliser Pygame pour compliquer un peu les choses : un jeu de labyrinthe parfaitement fonctionnel en texte intégral, basé sur les jeux d'aventure textuels classiques. Aussi connus sous le nom de fiction interactive, ces jeux remontent à l'époque où les ordinateurs ne pouvaient pas prendre en charge les graphiques, mais leurs fans soutiennent toujours qu'aucun graphisme ne sera jamais aussi vivant que celui que peut produire notre imagination !

Ce programme est un peu plus complexe que les autres précédemment abordés dans ce chapitre. Pour faciliter les choses, tu vas commencer avec une version partiellement rédigée. Ouvre le navigateur Web Chromium et rends-toi sur **rptl.io/text-adventure-fr**.

Chromium va charger le code du programme dans le navigateur. Clique avec le bouton droit de la souris sur la page du navigateur, choisis **Enregistrer sous** et enregistre le fichier sous **text-adventure.py** dans ton dossier **Downloads**. Il est possible qu'un message t'avertisse que ce type de fichier, c'est-à-dire un programme Python, peut endommager ton ordinateur. Puisque tu as téléchargé le fichier à partir d'une source fiable, clique sur le bouton **Enregistrer** si le message d'avertissement apparaît au bas de l'écran. Retourne sur Thonny, puis clique sur l'icône **Charger** . Trouve le fichier **text-adventure.py** dans ton dossier **Downloads** et clique sur le bouton **Charger**.

Commence par cliquer sur l'icône **Exécuter** ▶ pour te familiariser avec le fonctionnement d'une aventure textuelle. Tu verras alors s'afficher deux messages dans la zone du Shell en bas de la fenêtre Thonny. Si nécessaire, tu peux agrandir la fenêtre de Thonny en cliquant sur le bouton « Agrandir » pour faciliter la lecture.

Tel qu'il se présente actuellement, le jeu est très simple : il consiste en deux pièces sans aucun objet. Le joueur commence dans le **Hall**, la première des deux pièces. Pour aller à la **Cuisine**, il te suffit de saisir « **aller sud** » suivi de la touche ENTRÉE (**Figure 5-17**). Lorsque tu te trouves dans la **Cuisine**, tu peux saisir « **aller nord** » pour retourner dans le **Hall**. Tu peux également essayer de saisir « **aller ouest** » et « **aller est** », mais comme il n'y a pas de pièces dans ces directions, le jeu t'enverra un message d'erreur.

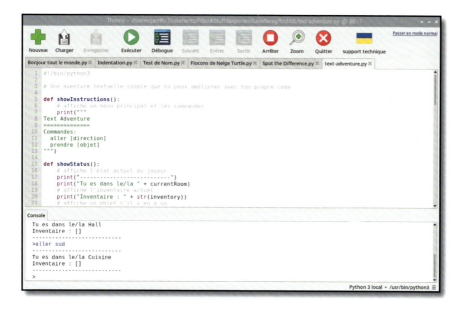

Figure 5-17 Il n'y a que deux pièces pour l'instant

Clique sur l'icône **Arrêter** ⭕ pour interrompre le programme, puis fais défiler jusqu'à la ligne 30 de ce programme dans la zone de script pour trouver une variable appelée **rooms**. Ce type de variable est désigné par le nom de *dictionnaire* et définit les pièces, leurs sorties et la pièce vers laquelle mène une sortie donnée.

Pour rendre le jeu plus intéressant, ajoutons une autre pièce : une **Salle à manger** à droite du **Hall**.

Cherche la variable **rooms** dans la zone de script, et étends-la en ajoutant un symbole de virgule (**,**) après **}** à la ligne 38, puis saisis les éléments suivants :

```
'Salle à manger' : {
    'ouest' : 'Hall'
}
```

Tu auras également besoin d'une nouvelle sortie dans le **Hall**, car le programme ne crée pas automatiquement les portes de sortie. Accède à la fin de la ligne 33, ajoute une virgule, puis ajoute la ligne suivante :

```
'est' : 'Salle à manger'
```

Clique sur l'icône **Exécuter** ▶ et découvre ta nouvelle pièce : saisis « `aller est` » lorsque tu es dans le **Hall** pour entrer dans la **Salle à manger** (Figure 5-18), et saisis « `aller ouest` » lorsque tu es dans la **Salle à manger** pour retourner dans le **Hall**. Félicitations : tu as créé une nouvelle pièce !

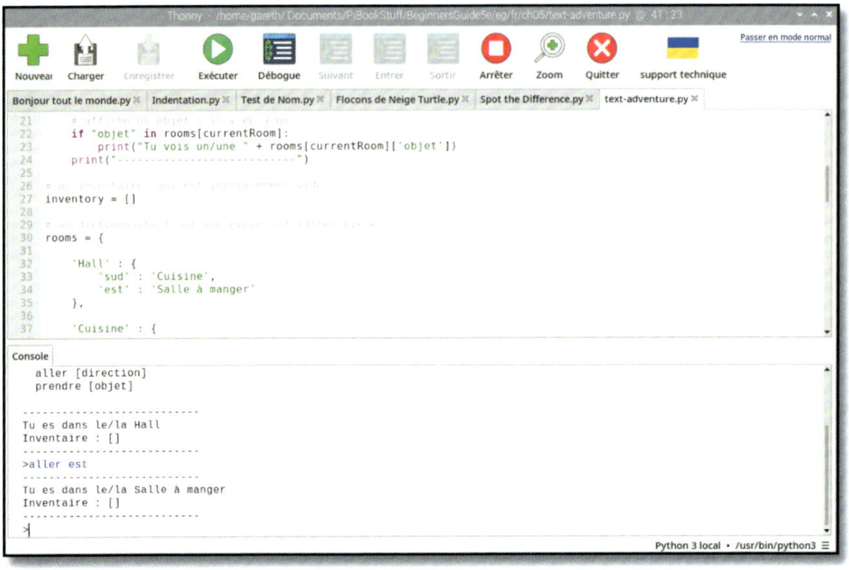

Figure 5-18   Tu as ajouté une nouvelle pièce

Toutefois, les pièces vides ne sont pas très intéressantes. Pour ajouter un élément à une pièce, tu dois modifier le dictionnaire de cette pièce. Clique sur l'icône **Arrêter** ⬤ pour arrêter le programme. Trouve le dictionnaire **Hall** dans la zone des scripts, ajoute une virgule à la fin de la ligne `'east' : 'Salle à manger'`, appuie sur ENTRÉE puis saisis cette ligne :

```
'objet' : 'clé'
```

Clique à nouveau sur l'icône **Exécuter** ▶. Cette fois, le jeu te dira que tu peux voir ton nouvel objet, à savoir une clé. Saisis « `prende clé` » (**Figure** 5-19) pour la ramasser et l'ajouter à la liste des objets que tu transportes, c'est-à-dire à ton *inventaire*. L'inventaire t'accompagne dans tes déplacements d'une pièce à l'autre.

Clique sur l'icône **Arrêter** ⬤ et pimente un peu ton jeu en ajoutant un monstre à éviter. Cherche dans le dictionnaire la **Cuisine** et ajoute un élément « `monstre` » de la même manière que tu as ajouté l'élément « **clé** », sans oublier de mettre une virgule à la fin de la ligne ci-dessus :

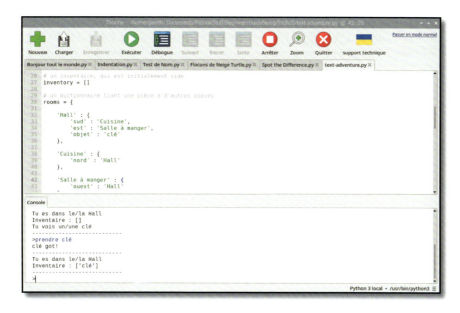

Figure 5-19   La clé récupérée est ajoutée à ton inventaire

```
'objet' : 'monstre'
```

Tu dois intégrer une certaine logique pour permettre au monstre d'attaquer le joueur. Fais défiler le programme jusqu'en bas dans la zone de script et ajoute les lignes suivantes, comprenant le commentaire, marqué d'un symbole dièse, qui t'aidera à comprendre le programme si tu y reviens ultérieurement. Assure-toi d'indenter les lignes et de saisir tout ce qui se trouve entre **if** et les deux points (**:**) sur une seule ligne :

```
# le joueur perd la partie s'il y a un monstre dans la pièce
if 'objet' in rooms[currentRoom]
    and 'monstre' in rooms[currentRoom]['objet']:
    print('Un monstre t\'a attrapé... TU AS PERDU !')
    break
```

Clique sur l'icône **Exécuter** , et essaie d'aller dans la Cuisine (**Figure 5-20**) : c'est le monstre qui va être content en te voyant !

Pour transformer cette aventure en un véritable jeu, tu vas devoir ajouter d'autres d'objets, une autre pièce et la possibilité de « gagner » en quittant la maison après avoir mis en sécurité tous les objets dans ton inventaire. Commence par ajouter une autre pièce comme tu l'as fait précédemment avec la **Salle à manger**, mais cette fois-ci, il s'agit d'un **Jardin**. Ajoute une sortie à

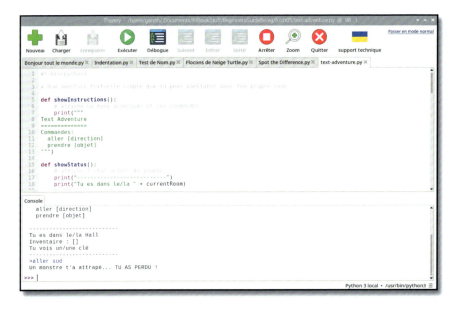

Figure 5-20 Ne te tracasse pas pour les rats, il y a un monstre dans la cuisine

partir du dictionnaire de la **Salle à manger**, en n'oubliant pas d'ajouter une virgule à la fin de la ligne au-dessus :

```
'sud' : 'Jardin'
```

Ensuite, ajoute ta nouvelle pièce au dictionnaire principal **rooms**, en n'oubliant pas d'ajouter une virgule après le **}** sur la ligne au-dessus, exactement comme avant :

```
'Jardin' : {
    'nord' : 'Salle à manger'
}
```

Ajoute un objet « potion » au dictionnaire de la **Salle à manger**, en n'oubliant pas d'ajouter la virgule nécessaire à la ligne au-dessus :

```
'objet' : 'potion'
```

Enfin, fais défiler le programme jusqu'en bas et ajoute la logique nécessaire pour vérifier si le joueur possède tous les objets et, si c'est le cas, lui indiquer qu'il a gagné la partie (pense à indenter les lignes et à saisir tout ce qui se trouve entre **if** et les deux points (**:**) sur une seule ligne) :

```
# atteins le jardin avec la clé et la potion pour gagner
if currentRoom == 'Jardin' and 'clé' in inventory
        and 'potion' in inventory:
    print('Tu as quitté la maison... TU AS GAGNÉ !')
    break
```

Clique sur l'icône **Exécuter** ▶, et essaie de finir le jeu en récupérant la clé et la potion avant d'aller dans le jardin. N'oublie pas de ne pas entrer dans la `Cuisine`, car c'est là que se cache le monstre !

Pour terminer de définir le jeu, ajoute quelques instructions indiquant au joueur comment remporter la partie. Fais défiler l'écran jusqu'en haut du programme, où la fonction `showInstructions()` est définie, et ajoute ce qui suit :

```
Atteins le jardin avec la clé et la potion
Évite les monstres !
```

Exécute le jeu une dernière fois, et tu verras apparaître tes nouvelles instructions tout au début de la partie. Félicitations : tu as créé un jeu textuel interactif de labyrinthe !

DÉFI : ÉTOFFER LE JEU

Peux-tu ajouter des pièces supplémentaires pour que le jeu dure plus longtemps ? Peux-tu ajouter un objet pour te protéger du monstre ? Comment ajouterais-tu une arme pour pouvoir tuer le monstre ? Peux-tu ajouter des pièces qui seraient accessibles par des escaliers et se trouveraient au-dessus et en dessous des pièces existantes ?

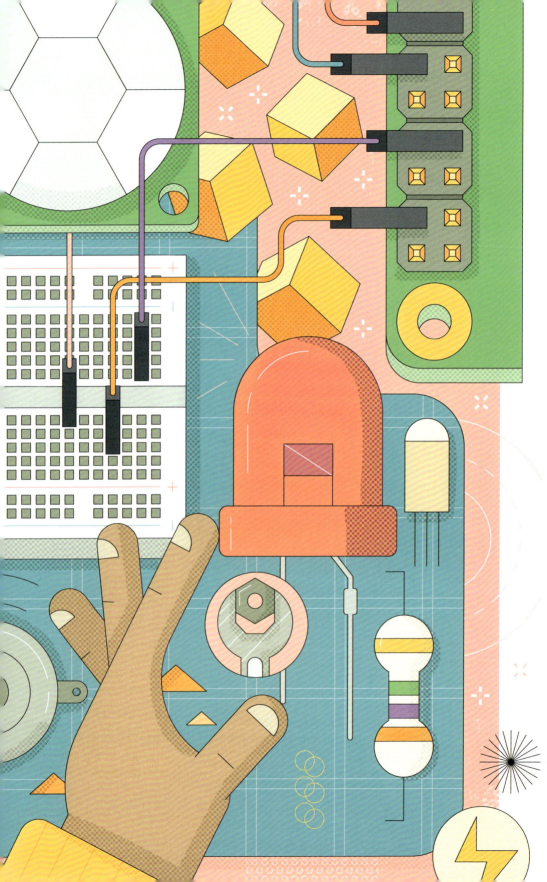

Chapitre 6

L'informatique physique avec Scratch et Python

Le codage ne se limite pas à réaliser des projets sur un écran : tu pourras également contrôler des composants électroniques rattachés aux broches du connecteur GPIO de ton Raspberry Pi.

Quand on parle de « programmation » ou de « codage », on pense naturellement à des logiciels. Mais le codage va bien au-delà des logiciels : il peut aussi faire partie de la vraie vie grâce à la maîtrise d'éléments matériels. C'est ce que l'on appelle couramment l'*informatique physique*.

Comme son nom l'indique, l'informatique physique consiste à contrôler des objets dans le monde réel grâce à des programmes : du matériel, donc, plutôt que des logiciels. Lorsque tu règles le programme de ta machine à laver, que tu changes la température de ton thermostat programmable ou que tu appuies sur un bouton au niveau des feux de circulation pour traverser la route en toute sécurité, tu utilises de l'informatique physique.

Ton Raspberry Pi est un excellent outil pour apprendre l'informatique physique grâce à une de ses fonctions clés : le connecteur *general purpose input/output (GPIO)*.

Présentation du connecteur GPIO

Sur le bord supérieur de la carte électronique du Raspberry Pi, ou à l'arrière du Raspberry Pi 400, tu trouveras deux rangées de broches métalliques. Il s'agit du connecteur GPIO (entrée/sortie à usage général), qui permet de

---

connecter du matériel comme des LED et des interrupteurs, sur Raspberry Pi et de les contrôler à l'aide des programmes que tu crées. Ces broches peuvent être utilisées aussi bien en entrée qu'en sortie.

Le connecteur GPIO est constitué de 40 broches mâles, comme présenté dans la **Figure 6-1**. Certaines broches sont disponibles pour tes projets d'informatique physique, d'autres sont consacrées à l'alimentation, d'autres encore sont utilisées pour communiquer à l'aide d'éléments complémentaires comme la carte complémentaire Sense HAT (voir Chapitre 7, *L'informatique physique avec la Sense HAT*).

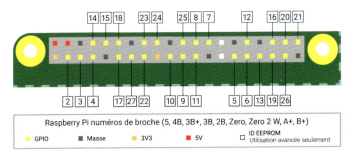

Figure 6-1 Le brochage GPIO du Raspberry Pi

Le Raspberry Pi 400 possède le même connecteur GPIO avec exactement les mêmes broches, mais il est orienté dans le sens inverse à celui des autres modèles de Raspberry Pi. La **Figure 6-2** part du principe que tu regardes le connecteur GPIO depuis l'arrière du Raspberry Pi 400. Vérifie toujours attentivement ton câblage lorsque tu connectes quoi que ce soit au connecteur GPIO de ton Raspberry Pi 400 (il est très facile de l'oublier, malgré les indications « Pin 40 » et « Pin 1 » sur le boîtier !)

EXTENSIONS GPIO

Il est tout à fait possible d'utiliser le connecteur GPIO du Raspberry Pi 400 tel quel, mais une extension pourrait t'être très utile. À l'aide d'une extension, les broches sont ramenées sur le côté de ton Raspberry Pi 400, ce qui signifie que tu peux vérifier et ajuster ton câblage plus facilement.

Les extensions compatibles comprennent la gamme Black HAT Hack3r de **pimoroni.com** et la Pi T-Cobbler Plus de **adafruit.com**.

Si tu achètes une extension, vérifie toujours comment elle est câblée. Certains câblages, comme celui du Pi T-Cobbler Plus, modifient la disposition des broches GPIO. En cas de doute, utilise toujours les instructions du fabricant de l'extension plutôt que les schémas de broches présentés dans ce guide.

Le Raspberry Pi Zero 2 W dispose également d'une empreinte pour connecteur GPIO, mais celui-ci n'est pas monté. Si tu veux faire de l'informatique physique avec le Raspberry Pi Zero 2 W, ou un autre modèle de la famille Raspberry Pi Zero, tu vas devoir *souder* les broches en place à l'aide d'un fer à souder. Si cela te semble un peu trop difficile pour l'instant, adresse-toi à un revendeur Raspberry Pi agréé pour obtenir un Raspberry Pi Zero 2 équipé d'un connecteur.

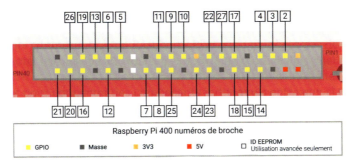

Figure 6-2   Le brochage GPIO du Raspberry Pi 400

Il existe plusieurs catégories de broches :

3V3	Alimentation 3,3 volts	Broches d'alimentation toujours active de 3,3 V, la tension qui alimente ton Raspberry Pi en interne
5V5	Alimentation 5 volts	Broches d'alimentation toujours active de 5 V, la tension qui alimente ton Raspberry Pi via le connecteur USB C
Masse (GND)	Masse 0 volt	Broches de masse, utilisées pour clore un circuit relié à une source d'alimentation
GPIO XX	Numéro de broche « XX » d'entrée/sortie à usage général	Broches GPIO disponibles pour tes programmes, identifiées par un numéro compris entre 2 et 27
ID EEPROM	Broches réservées à des fins particulières	Broches réservées pour le Hardware Attached on Top (HAT) et d'autres accessoires

nombreux vendeurs proposent des packs pratiques contenant des résistances de valeurs différentes pour plus de flexibilité.

Le *buzzer piézoélectrique* (**F**), généralement dénommé buzzer ou avertisseur, est un autre dispositif de sortie. Tandis qu'une LED produit de la lumière, un buzzer, lui, produit un son, ou plutôt un bourdonnement. À l'intérieur du boîtier en plastique du buzzer se trouvent deux plaques métalliques. Lorsqu'elles sont actives, ces plaques vibrent l'une contre l'autre et produisent un bourdonnement. Il existe deux types de buzzer : les *buzzers actifs* et les *buzzers passifs*. Privilégie les buzzers actifs, car ce sont les plus simples à utiliser.

Parmi les autres composants électriques courants, citons les moteurs, qui nécessitent une carte de contrôle spéciale avant de pouvoir être connectés au Raspberry Pi, les capteurs infrarouges qui détectent les mouvements, les capteurs de température et d'humidité qui peuvent être utilisés pour prévoir la météo, et les photorésistances (LDR), des dispositifs d'entrée qui fonctionnent comme des LED inversées et détectent la lumière.

Les composants d'informatique physique compatibles avec les Raspberry Pi sont vendus dans le monde entier, soit séparément, soit en tant que kits qui te dotent de tout le nécessaire pour démarrer. Pour trouver des vendeurs, accède à **rptl.io/products**, clique sur **Raspberry Pi 5**, et clique sur le bouton **Buy now** pour voir une liste de boutiques en ligne partenaires Raspberry Pi et de revendeurs agréés pour ton pays ou ta région.

Pour réaliser les projets de ce chapitre, tu dois posséder au minimum :

- ▶ 3 LED : une rouge, une verte, et une jaune ou ambrée;
- ▶ 2 interrupteurs à bouton-poussoir;
- ▶ 1 buzzer actif;
- ▶ des fils de raccordement mâle-femelle (M2F) et femelle-femelle (F2F);
- ▶ éventuellement, une platine et des fils de connexion mâle-mâle (M2M).

Lecture des codes couleur des résistances

Les résistances existent dans un large éventail de valeurs, des versions à résistance nulle, qui ne sont en fait que des morceaux de fil, aux versions à haute résistance de la taille de ta jambe. La valeur de ces résistances est rarement imprimée dessus. Au lieu de cela, elles utilisent plutôt un code spécial (**Figure 6-4**) sous forme de bandes colorées autour du corps de la résistance.

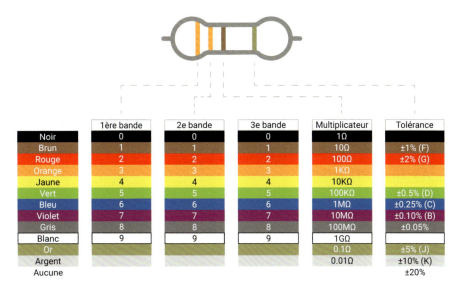

	1ère bande	2e bande	3e bande	Multiplicateur	Tolérance
Noir	0	0	0	1Ω	
Brun	1	1	1	10Ω	±1% (F)
Rouge	2	2	2	100Ω	±2% (G)
Orange	3	3	3	1KΩ	
Jaune	4	4	4	10KΩ	
Vert	5	5	5	100KΩ	±0.5% (D)
Bleu	6	6	6	1MΩ	±0.25% (C)
Violet	7	7	7	10MΩ	±0.10% (B)
Gris	8	8	8	100MΩ	±0.05%
Blanc	9	9	9	1GΩ	
Or				0.1Ω	±5% (J)
Argent				0.01Ω	±10% (K)
Aucune					±20%

Figure 6-4   Codes couleur des résistances

Pour comprendre la valeur d'une résistance, place-la de sorte que le groupe de bandes se trouve sur la gauche et la bande isolée sur la droite. Cherche la couleur des deux bandes les plus à gauche dans la colonne « 1ère/2e bande » du tableau pour obtenir le premier et le deuxième chiffre. Dans l'exemple, la résistance comporte deux bandes oranges, représentant chacune une valeur de 3 pour un total de 33. Si ta résistance comporte un groupe de quatre bandes au lieu de trois, note également la valeur de la troisième bande (pour les résistances à cinq/six bandes, voir **rptl.io/5-6-band**).

Passe ensuite à la dernière bande groupée (la troisième ou la quatrième) et observe sa couleur dans la colonne « Multiplier ». Cette colonne t'indique le facteur par lequel tu dois multiplier ton nombre actuel pour obtenir la valeur réelle de la résistance. Cet exemple comporte une bande brune, qui signifie « × 10^1 ». Cela peut prêter à confusion, mais il s'agit tout simplement d'une *notation scientifique* : « × 10^1 » signifie « ajoute un zéro à la fin de ton nombre ». Si la bande était bleue, ce qui correspond à « × 10^6 », la colonne t'indiquerait alors « ajoute six zéros à la fin de ton nombre ».

Le nombre 33, qui nous est indiqué par les bandes oranges, plus le zéro ajouté d'après la bande brune nous donnent une valeur de 330, à savoir la valeur de la résistance, mesurée en ohms. La dernière bande, sur la droite, représente la *tolérance* de la résistance. Cette valeur indique la probabilité pour laquelle le chiffre obtenu correspond à sa valeur nominale. Les résistances moins chères peuvent avoir une bande argentée, indiquant une tolérance supérieure ou inférieure de 10 % à leur valeur nominale, ou ne pas avoir de dernière bande du tout, indiquant dans ce cas une tolérance supérieure ou inférieure de 20 %. Les résistances les plus chères arborent une bande grise, indiquant une tolérance de 0,05 % de leur valeur nominale. Pour les projets d'amateurs, la précision n'est pas essentielle : toute tolérance fonctionnera généralement très bien.

Si la valeur de ta résistance dépasse 1 000 ohms (1 000 Ω), elle est généralement exprimée en kilohms (kΩ) ; si elle dépasse un million d'ohms, il s'agit de mégohms (MΩ). Une résistance de 2 200 Ω correspond donc à 2,2 kΩ ; une résistance de 2 200 000 Ω s'écrirait 2,2 MΩ.

AS-TU LA RÉPONSE ?

De quelle couleur sont les bandes d'une résistance de 100 Ω ? De quelle couleur sont les bandes d'une résistance de 2,2 MΩ ? Si tu cherchais des résistances d'entrée de gamme, quelle couleur de bande représentant la tolérance rechercherais-tu ?

Ton tout premier programme d'informatique physique : Bonjour LED !

Si parvenir à afficher « Bonjour tout le monde ! » à l'écran était une première étape fantastique dans l'apprentissage d'un langage de programmation, le fait d'arriver à allumer une LED constitue une introduction traditionnelle à l'apprentissage de l'informatique physique. Pour ce projet, tu auras besoin d'une LED et d'une résistance de 330 ohms (330 Ω), ou aussi près que possible de 330 Ω, ainsi que de fils de connexion femelle-femelle (F2F).

LA RÉSISTANCE EST ESSENTIELLE

La résistance est un composant essentiel de ce circuit : elle protège ton Raspberry Pi et la LED en limitant la quantité de courant électrique que la LED peut utiliser. En l'absence de résistance, la LED risque d'utiliser trop de courant et de griller (ou de griller le Raspberry Pi). Lorsqu'elle est utilisée de cette manière, la résistance est désignée par le terme de *résistance de limitation de courant*. La valeur exacte de la résistance dont tu as besoin dépend de la LED que tu utilises, mais une résistance de 330 Ω fonctionne pour la plupart des LED courantes. Plus la valeur est élevée, plus la LED s'assombrit ; plus la valeur est faible, plus la LED est brillante.

Ne connecte jamais une LED à un Raspberry Pi sans résistance de limitation de courant, à moins que tu sois absolument certain que la LED possède une résistance intégrée de valeur appropriée.

Vérifie tout d'abord que ta LED fonctionne. Tourne ton Raspberry Pi de manière à ce que le connecteur GPIO se positionne sur la droite en deux bandes verticales. Connecte une extrémité de ta résistance de 330 Ω à la première broche 3,3 V (étiquetée 3V3 sur la **Figure 6-5**) à l'aide d'un fil de raccordement femelle-femelle, puis connecte l'autre extrémité à la broche plus longue (le fil positif, aussi appelé anode) de ta LED à l'aide de l'autre fil de raccordement femelle-femelle. Prends un dernier fil de raccordement femelle-femelle et connecte la broche plus courte (le fil négatif, aussi appelé cathode) de ta LED à la première broche de masse (marquée GND sur la **Figure 6-5**).

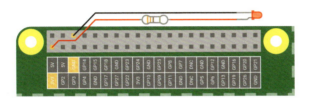

Figure 6-5   Raccorde ta LED à ces broches, sans oublier la résistance !

Lorsque ton Raspberry Pi sera sous tension, la LED devrait s'allumer. Si elle ne s'allume pas, vérifie ton circuit : assure-toi que tu n'as pas utilisé une valeur de résistance trop élevée, que tous les fils sont correctement connectés et que tu as bien choisi les bonnes broches GPIO telles qu'elles sont illustrées sur le schéma. Vérifie également les broches de la LED, car les LED ne fonctionnent que dans un sens : la broche la plus longue doit être connectée au pôle positif du circuit et la broche la plus courte au pôle négatif.

Maintenant que ta LED fonctionne, il est temps de la programmer. Déconnecte le fil de raccordement de la broche 3,3 V (étiquetée 3V3 dans la **Figure 6-6**) et connecte-le à la broche 25 du GPIO (étiquetée GP25 dans la **Figure 6-6**). La LED s'éteint. Pas de panique, c'est parfaitement normal.

Figure 6-6   Débranche le fil de raccordement de la broche 3,3 V et connecte-le à la broche 25 du GPIO

Te voilà maintenant prêt à créer un programme Scratch ou Python pour allumer et éteindre ta LED.

CONNAISSANCES EN MATIÈRE DE CODAGE

Les projets présentés dans ce chapitre supposent une certaine aisance d'utilisation de Scratch 3 et de l'environnement de développement intégré (IDE) Thonny Python. Si tu ne l'as pas encore fait, reporte-toi au Chapitre 4, *Programmation avec Scratch 3* et au Chapitre 5, *Programmation avec Python* et commence d'abord par travailler sur ces projets.

Si Scratch 3 n'est pas déjà installé, suis les instructions dans la section «L'outil Recommended Software» à la page 43 pour l'installer.

Contrôle d'une LED dans Scratch

Charge Scratch 3 et clique sur l'icône **Ajouter une extension** 🔧. Fais défiler la page jusqu'à trouver l'extension **Raspberry Pi GPIO** (**Figure 6-7**), puis clique dessus. Ce faisant, tu vas charger les blocs dont tu as besoin pour commander le connecteur GPIO de ton Raspberry Pi depuis Scratch 3. Tu vas alors voir les nouveaux blocs apparaître dans la palette de blocs ; lorsque tu en auras besoin, ils seront disponibles dans la catégorie Raspberry Pi GPIO.

Figure 6-7   Ajouter l'extension Raspberry Pi GPIO dans Scratch 3

Commence par faire glisser un bloc `quand 🏴 est cliqué` de la catégorie **Événements** dans la zone de code, puis fais glisser un bloc `set gpio to output high` directement en dessous. Tu dois choisir le numéro de la broche à utiliser :

clique sur la petite flèche pour ouvrir la liste déroulante et clique sur **25** pour indiquer à Scratch que tu souhaites contrôler la broche 25 du GPIO.

Clique sur le drapeau vert pour exécuter ton programme. Tu vas alors voir ta LED s'allumer. Félicitations : tu as programmé ton premier projet d'informatique physique ! Clique sur l'octogone rouge pour arrêter ton programme : tu remarqueras que ta LED reste allumée. C'est parce que ton programme a uniquement commandé au Raspberry Pi d'allumer la LED : c'est ce que signifie la partie **output high** de ton bloc `set gpio 25 to output high`. Pour l'éteindre, clique sur la flèche vers le bas à l'extrémité du bloc et sélectionne « **low** » dans la liste.

Clique à nouveau sur le drapeau vert pour que ton programme éteigne la LED. Pour rendre les choses plus intéressantes, ajoute un bloc orange `répéter indéfiniment` de la catégorie **Contrôle** et quelques blocs `attendre 1 secondes` pour créer un programme permettant d'allumer et d'éteindre la LED chaque seconde.

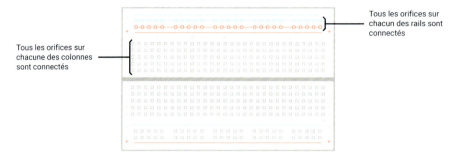

Tous les orifices sur chacun des rails sont connectés

Tous les orifices sur chacune des colonnes sont connectés

Figure 6-8   Une platine sans soudure

repérer facilement un trou précis : A1 se trouve dans le coin supérieur gauche, B1 correspond au trou juste au-dessus et B2 se situe juste à sa droite. A1 est connecté à B1 par les bandes métalliques cachées, mais aucun trou n'est connecté à un trou ayant un autre numéro, sauf si tu ajoutes toi-même un fil de raccordement.

Les plus grandes platines disposent également de bandes trouées en haut et en bas, généralement marquées de bandes rouges et noires, ou rouges et bleues. Il s'agit des *rails d'alimentation*, conçus pour faciliter le câblage : tu peux connecter un seul fil de la broche de masse du Raspberry Pi à l'un des rails d'alimentation (généralement marqué d'une bande bleue ou noire et d'un symbole moins) pour obtenir une *base commune* pour de nombreux composants sur la platine, et tu peux faire de même si ton circuit requiert une alimentation 3,3 V ou 5 V.

Il est très simple d'ajouter des composants électroniques à une platine : il suffit d'aligner leurs broches (les parties métalliques qui ressortent) avec les trous et de les insérer doucement jusqu'à ce que le composant soit en place. Pour les connexions qui sont nécessaires au-delà des connexions réalisées grâce à la platine, tu peux utiliser des fils de raccordement mâle-mâle (M2M) ; pour les connexions entre la platine et le Raspberry Pi, utilise des fils de raccordement mâle-femelle (M2F).

ATTENTION

N'essaie jamais de faire passer plus d'un fil de composant ou de raccordement dans le même trou de la platine. N'oublie pas : les orifices sont connectés en colonnes, à l'exception de la séparation au milieu, de sorte qu'un fil de composant dans A1 est électriquement connecté à tout ce que tu ajouteras à B1, C1, D1 et E1.

Prochaines étapes : connexion d'un bouton

Utiliser des éléments de sortie comme les LED est une chose, mais comme l'indique la partie « input/output (entrée/sortie) » de « GPIO », il est également possible d'utiliser des broches comme entrées. Pour ce projet, tu auras besoin d'une platine, d'un câble de raccordement mâle-mâle (M2M), d'une paire de fils de connexion mâle-femelle (M2F) et d'un interrupteur à bouton-poussoir. Si tu ne disposes pas d'une platine, tu peux utiliser des fils de raccordement femelle-femelle (F2F), mais le risque d'interrompre accidentellement le circuit en appuyant sur le bouton sera beaucoup plus élevé.

Commence par ajouter le bouton-poussoir à ta platine. Si ton bouton-poussoir n'a que deux broches, vérifie qu'elles se trouvent dans des trous portant des numéros différents sur la platine ; s'il a quatre broches, tourne-le de manière à ce que les côtés où se trouvent les bornes soient alignés comme indiqué dans la **Figure 6-9**. Connecte le rail de masse de ta platine à une broche de masse du Raspberry Pi (désignée par le sigle GND) via un câble mâle-femelle, puis connecte une broche de ton bouton poussoir au rail de masse à l'aide d'un fil de raccordement mâle-mâle. Pour finir, connecte l'autre broche (qui se trouve du même côté que la broche que tu viens de connecter, si tu utilises un interrupteur à quatre broches) à la broche GPIO 2 (marquée GP2) du Raspberry Pi à l'aide d'un fil de raccordement mâle-femelle.

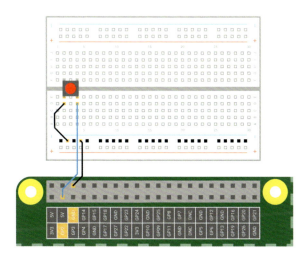

Figure 6-9   Connexion d'un bouton-poussoir aux broches du connecteur GPIO

Lecture d'un bouton dans Scratch

Crée un nouveau programme Scratch et fais glisser un bloc quand 🚩 est cliqué dans la zone de codage. Connecte un bloc vert

 et sélectionne le chiffre **2** dans la liste déroulante pour qu'il corresponde à la broche GPIO utilisée pour le bouton-poussoir.

Si tu cliques maintenant sur le drapeau vert, cela n'aura aucun effet. C'est parce que tu as indiqué à Scratch d'utiliser la broche comme entrée, sans spécifier d'action. Fais glisser un bloc orange **répéter indéfiniment** en bas de ta séquence, puis fais glisser un bloc orange **si alors sinon** à l'intérieur. Trouve le bloc vert **gpio is high?**, fais-le glisser dans l'espace blanc en forme de losange dans la partie **si alors** du bloc orange et sélectionne le chiffre **2** dans la liste déroulante afin de lui indiquer la broche GPIO à vérifier. Fais glisser un bloc violet **dire Bonjour ! pendant 2 secondes** dans la partie **sinon** du bloc orange et modifie-le de sorte à lui faire dire « **Bouton enfoncé !** ». Laisse l'espace entre **si alors** et **sinon**, dans le bloc orange, vide pour l'instant.

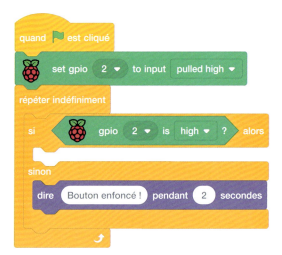

Il se passe beaucoup de choses ici. Commence par tester ton programme : clique sur le drapeau vert, puis appuie sur le bouton de ta platine. Ton sprite doit t'indiquer que le bouton a été enfoncé. Félicitations : tu as réussi à lire une entrée de la broche GPIO !

Comme l'espace entre **si alors** et **sinon** dans le bloc orange est vide pour l'instant, rien ne se passe lorsque **gpio 2 is high?** est évalué comme « true ». Le code qui s'exécute lorsque tu appuies sur le bouton se trouve dans la partie **sinon** du bloc. Cela peut sembler confus, car on pourrait croire qu'en appuyant sur le bouton, ce dernier s'active (ou passe sur « high » en anglais). En réalité, le contraire se produit : les broches GPIO du Raspberry Pi sont activées lorsqu'elles sont réglées en entrée, et le fait d'appuyer sur le bouton les désactive (« low » en anglais).

Observe à nouveau ton circuit : le bouton est connecté à la broche GPIO 2, qui fournit la partie positive du circuit, et à la broche de masse. Lorsque tu appuies sur le bouton, la tension sur la broche GPIO est ramenée à zéro via la broche de masse, et ton programme Scratch interrompt alors l'exécution du code (s'il y en a un) dans ton bloc `if gpio 2 is high ? then` et exécute à la place le code qui se trouve dans la partie `sinon` du bloc.

Si tout cela te rend perplexe, retiens simplement ceci : on considère qu'un bouton connecté à une broche GPIO de ton Raspberry Pi est enfoncé lorsque la broche est désactivée, et non pas quand elle est activée !

Pour étendre ton programme, ajoute la LED et la résistance dans le circuit. N'oublie pas de connecter la résistance à la broche 25 du GPIO et à la broche longue de la LED, tandis que la broche courte de la LED doit être reliée au rail de masse de ta platine.

Fais glisser le bloc `dire Bouton enfoncé ! pendant 2 secondes` hors de la zone de code vers la palette de blocs pour le supprimer, puis remplace-le par un bloc vert `set gpio 25 to output high`, sans oublier que tu dois modifier le numéro GPIO à l'aide de la flèche déroulante. Ajoute un bloc vert `set gpio 25 to output low`, sans oublier de modifier le numéro GPIO, dans la partie `if gpio 2 is high ? then` encore vide du bloc.

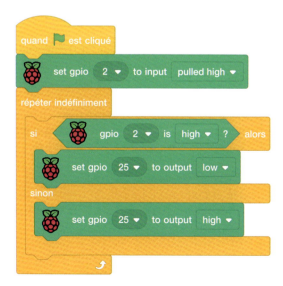

Clique sur le drapeau vert et appuie sur le bouton. La LED reste allumée tant que tu maintiens le bouton enfoncé ; relâche le bouton, et la LED s'éteint. Félicitations : tu contrôles une broche GPIO à partir d'une entrée transmise par une autre broche !

DÉFI : POUR QUE LA LED RESTE ALLUMÉE

Comment modifierais-tu le programme pour que la LED reste allumée pendant plusieurs secondes, même après avoir relâché le bouton ? Que faudrait-il changer pour que la LED s'allume quand on n'appuie pas sur le bouton et s'éteigne quand on appuie dessus ?

Lecture d'un bouton en Python

Clique sur le bouton **Nouveau** dans Thonny pour créer un nouveau projet et sur **Enregistrer** pour l'enregistrer sous **Button Input.py**. L'utilisation d'une broche GPIO en entrée pour un bouton est très similaire à l'utilisation d'une broche en sortie pour une LED, mais tu dois pour ce faire importer une autre partie de la bibliothèque GPIO Zero. Saisis ce qui suit dans la zone de script :

```
from gpiozero import Button
button = Button(2)
```

Pour que le code soit exécuté lorsque le bouton est enfoncé, GPIO Zero dispose de la fonction **wait_for_press**. Tu peux donc saisir :

```
button.wait_for_press()
print("Tu m'as enfoncé(e) !")
```

Clique sur le bouton **Exécuter**, puis appuie sur l'interrupteur à bouton-poussoir. Ton message s'affichera dans le Shell Python en bas de la fenêtre Thonny. Félicitations : tu as réussi à lire une entrée de la broche GPIO !

Si tu souhaites retester ton programme, tu dois à nouveau cliquer sur le bouton **Exécuter**. Comme il n'y a pas de boucle dans le programme, celui-ci s'arrête dès qu'il a fini d'imprimer le message dans le Shell.

Pour étendre encore ton programme, si tu ne l'as pas encore fait, ajoute la LED et la résistance dans le circuit : n'oublie pas de connecter la résistance à la broche GPIO 25 et à la broche longue de la LED, et la broche plus courte de la LED au rail de masse de ta platine.

Pour contrôler une LED et lire un bouton, tu dois importer les deux fonctions **Button** et **LED** depuis la bibliothèque GPIO Zero. Tu auras également besoin de la fonction **sleep** de la bibliothèque **time**. Retourne au début de ton programme et saisis les éléments suivants sur les deux premières lignes :

```
from gpiozero import LED
from time import sleep
```

Sous la ligne **button = Button(2)**, saisis :

```
led = LED(25)
```

Supprime la ligne **print("Tu m'as enfoncé(e) !")** et remplace-la par :

```
led.on()
sleep(3)
led.off()
```

Une fois terminé, ton programme se présente de la sorte :

```
from gpiozero import LED
from time import sleep
from gpiozero import Button

button = Button(2)
led = LED(25)
button.wait_for_press()
led.on()
sleep(3)
led.off()
```

Clique sur le bouton **Exécuter,** puis appuie sur l'interrupteur à bouton-poussoir : la LED s'allume pendant trois secondes, puis s'éteint et le programme s'arrête. Félicitations : tu peux désormais contrôler une LED en utilisant un bouton en entrée dans Python !

DÉFI : AJOUTER UNE BOUCLE

Comment ajouterais-tu une boucle pour que le programme se répète au lieu de s'arrêter après avoir appuyé une seule fois sur le bouton ? Que faudrait-il changer pour que la LED s'allume quand on n'appuie pas sur le bouton et s'éteigne quand on appuie dessus ?

Fais un peu de bruit : contrôler un buzzer

Les LED sont un excellent dispositif de sortie, mais elles ne sont pas très utiles si tu ne les regarde pas. La solution : un buzzer, qui émet un bruit audible partout dans la pièce. Pour ce projet, tu auras besoin d'une platine, d'un câble de raccordement mâle-femelle (M2F) et d'un buzzer actif. Si tu n'as pas de platine, tu peux connecter le buzzer en utilisant plutôt des câbles de raccordement femelle-femelle (F2F).

En matière de circuits et de programmation, un buzzer peut être traité exactement comme une LED. Répète le circuit que tu as mis en place pour la LED, mais remplace la LED par le buzzer actif et laisse la résistance en dehors, car le buzzer aura besoin de plus de courant pour fonctionner. Connecte une broche du buzzer à la broche GPIO 15 (marquée GP15 dans la **Figure 6-10**) et l'autre à la broche de masse (marquée GND sur le schéma) à l'aide de ta platine et des fils de raccordement mâle-femelle.

Si ton buzzer a trois broches, assure-toi que la broche marquée d'un symbole moins (-) est reliée à la broche de masse, que la broche marquée d'un S ou du mot SIGNAL est connectée à la broche 15, puis connecte la troisième broche (généralement celle du milieu) à la broche de 3,3 V (indiquée par 3V3).

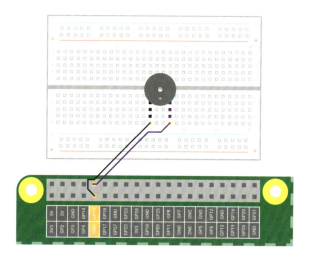

Figure 6-10   Connexion d'un buzzer aux broches du connecteur
GPIO

Contrôler un buzzer dans Scratch

Recrée le programme que tu as utilisé pour faire clignoter la LED, ou charge-le, si tu l'as sauvegardé plus tôt. Utilise la liste déroulante dans les blocs verts `set gpio to output high` et sélectionne le numéro **15**, pour que Scratch contrôle la broche GPIO qui convient.

Clique sur le drapeau vert : ton buzzer se mettra à sonner une seconde et s'arrêtera une seconde. Si tu n'entends le buzzer cliquer qu'une fois par seconde, cela signifie que ton buzzer est passif et non actif. Alors qu'un buzzer actif génère un signal qui varie rapidement, appelé *oscillation* qui fait vibrer les plaques métalliques, un buzzer passif doit recevoir un signal d'oscillation externe, car il n'en produit pas lui-même. Lorsque tu l'actives en utilisant Scratch, les plaques bougent une fois puis s'arrêtent, ce qui fait que seul un « clic » retentit jusqu'à la prochaine fois où ton programme active ou désactive la broche.

Clique sur l'octogone rouge pour arrêter ton buzzer, mais assure-toi de le faire lorsqu'il n'émet pas de son, sinon le buzzer continuera de sonner jusqu'à ce que tu relances ton programme !

DÉFI : MODIFIER LE BUZZ

Comment modifierais-tu le programme pour que le buzzer sonne moins longtemps ?
Peux-tu construire un circuit pour que le buzzer soit contrôlé par un bouton ?

Contrôler un buzzer en Python

Contrôler un buzzer actif via la bibliothèque GPIO Zero équivaut à contrôler une LED, en ce sens qu'un buzzer peut s'allumer et s'éteindre. Il te faudra cependant une autre fonction : **Buzzer**. Crée un nouveau projet dans Thonny et enregistre-le sous **Buzzer.py**, puis saisis les éléments suivants :

```python
from gpiozero import Buzzer
from time import sleep
```

Comme pour les LED, GPIO Zero doit savoir à quelle broche est connecté ton buzzer pour le contrôler. Tu peux donc saisir :

```python
buzzer = Buzzer(15)
```

À partir de là, ton programme est presque identique à celui que tu as écrit pour la LED ; la seule différence (hormis un numéro de broche GPIO différent) est que tu utilises la fonction **buzzer** au lieu de la fonction **led**. Tu peux donc saisir :

```python
while True:
    buzzer.on()
    sleep(1)
    buzzer.off()
    sleep(1)
```

Clique sur le bouton **Exécuter** pour que ton buzzer se mette à sonner pendant une seconde, s'éteigne pendant une seconde, et ainsi de suite. Si tu utilises un buzzer passif plutôt qu'un buzzer actif, tu n'entendras qu'un bref clic toutes les secondes au lieu d'un son continu.

Clique sur le bouton **Arrêter** pour quitter le programme, mais assure-toi de le faire lorsqu'il n'émet pas de son, sinon le buzzer continuera de sonner jusqu'à ce que tu relances ton programme !

Projet Scratch : feux de circulation

Maintenant que tu sais comment utiliser les boutons, les buzzers et les LED en entrée et en sortie, te voilà prêt pour te lancer dans l'informatique du monde réel : les feux de circulation et le bouton sur lequel tu peux appuyer pour traverser la route. Pour ce projet, tu vas avoir besoin d'une platine ; d'une LED rouge, d'une verte et d'une orange ; de trois résistances 330 Ω ; d'un buzzer ; d'un interrupteur à bouton-poussoir ; ainsi que de plusieurs câbles de raccordement mâle-mâle (M2M) et mâle-femelle (M2F).

Commence par construire le circuit (**Figure 6-11**), en connectant le buzzer à la broche 15 du GPIO (notée GP15 dans la **Figure 6-11**), la LED rouge à la broche 25 (étiquetée GP25), la LED jaune à la broche 8 (GP8), la LED verte à la broche 7 (GP7), et l'interrupteur à la broche 2 (GP2). N'oublie pas de connecter les résistances 330 Ω entre les broches GPIO et les broches longues des LED, et de relier les secondes broches de tous tes composants au rail de masse de la platine. Pour finir, connecte le rail de masse à une broche de masse (étiquetée GND) sur le Raspberry Pi pour compléter le circuit.

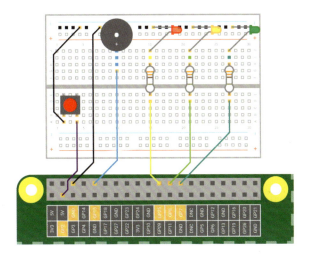

Figure 6-11   Schéma de câblage pour le projet Feux de circulation

Crée un nouveau projet dans Scratch 3 et fais glisser un bloc `quand 🏳 est cliqué` dans la zone de codage. Ensuite, tu dois indiquer à Scratch que la broche 2 du GPIO, qui est connectée à l'interrupteur à bouton-poussoir, est une entrée et non pas une sortie. Fais glisser un bloc vert `set gpio to input pulled high` de la catégorie **Raspberry Pi GPIO** de la palette de blocs sous ton bloc `quand 🏳 est cliqué`. Clique sur la flèche vers le bas à côté de **0** et sélectionne **2** dans la liste déroulante.

Ensuite, tu dois créer ta séquence de feux de circulation. Fais glisser un bloc orange `répéter indéfiniment` dans ton programme, puis ajoute les blocs pour allumer et éteindre les feux de circulation en suivant une séquence précise. Rappelle-toi quelles broches GPIO sont reliées à quel composant : lorsque tu utilises la broche 25, tu utilises la LED rouge, la broche 8 est reliée à la LED jaune et la broche 7 à la LED verte.

Clique sur le drapeau vert, et observe tes LED : la rouge s'allume, puis la rouge et l'orange, puis la verte, puis l'orange, et pour finir la séquence recommence avec le feu rouge. Cette séquence correspond à celle utilisée par les feux de circulation au Royaume-Uni ; si tu le souhaites, tu peux modifier la séquence pour l'adapter à celle d'autres pays.

Pour simuler un passage piéton, tu as besoin de ton programme qui surveille le moment où le bouton est enfoncé. Clique sur l'octogone rouge pour arrêter ton programme, s'il est encore en cours d'exécution. Fais glisser un bloc orange **si alors sinon** et connecte-le de manière à ce qu'il se retrouve directement sous ton bloc **répéter indéfiniment**, avec ta séquence de feux de circulation dans la section **si alors**. Laisse l'espace en forme de losange vide pour l'instant.

Sur un vrai passage piéton, le feu ne passe pas au rouge dès que l'on appuie sur le bouton : il faut attendre le prochain passage au rouge dans la séquence. Pour intégrer cette logique dans ton propre programme, fais glisser un bloc **when gpio is low** dans la zone de codage et sélectionne **2** dans la liste déroulante. Crée une nouvelle variable appelée **enfoncé**. Fais ensuite glisser un bloc orange **mettre enfoncé à 1** sous ce bloc.

Cette pile de blocs attend que le bouton soit enfoncé, puis définit la variable **enfoncé** sur 1. En réglant une variable de la sorte, tu peux mémoriser le fait que le bouton a été enfoncé, même si l'action ne se déclenche pas immédiatement.

Retourne à ta pile de blocs d'origine et cherche le bloc **si alors**. Fais glisser un bloc Opérateur vert en forme de losange **⬭ = ⬭** dans le bloc de forme semblable **si alors**, puis fais glisser un bloc rapporteur orange **enfoncé** dans le premier espace vide. Saisis **0** à la place du **50** à droite du bloc.

Clique sur le drapeau vert, et observe les feux de circulation suivre leur séquence. Lorsque tu es prêt(e), appuie sur l'interrupteur à bouton-poussoir : au début, tu vas avoir l'impression qu'il ne se passe rien, mais une fois la séquence terminée (lorsque seule la LED jaune est allumée), les feux de circulation s'éteindront et resteront éteints, grâce à ta variable **enfoncé**.

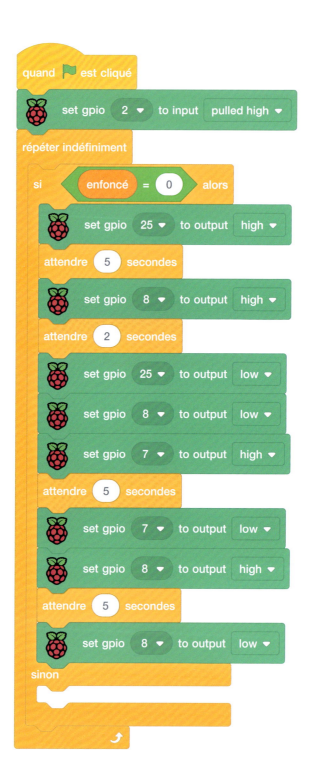

Il ne te reste plus qu'à faire en sorte que le bouton du passage pour piétons fasse autre chose qu'éteindre les feux. Dans la pile de blocs principale, cherche le bloc `sinon` et fais glisser un bloc `set gpio 25 to output high` à l'intérieur (n'oublie pas de modifier le numéro de broche GPIO par défaut pour qu'il corresponde à la broche sur laquelle ta LED rouge est connectée).

En dessous, toujours dans le bloc `sinon`, crée une séquence pour le buzzer : fais glisser un bloc orange `répéter 10 fois`, puis remplis-le avec un bloc vert `set gpio 15 to output high`, un bloc orange `attendre 0.2 secondes`, un bloc vert `set gpio 15 to output low` et un autre bloc orange `attendre 0.2 secondes`, en modifiant les valeurs de la broche GPIO pour qu'elles correspondent à celle du buzzer.

Enfin, sous ton bloc `répéter 10 fois` mais toujours dans le bloc `sinon`, ajoute un bloc vert `set gpio 25 to output low` et un bloc orange foncé `mettre enfoncé à 0`. Le dernier bloc réinitialise la variable qui enregistre la pression sur le bouton, ce qui permet que la séquence de l'avertisseur ne se répète pas indéfiniment.

Clique sur le drapeau vert et appuie sur l'interrupteur de ta platine. Une fois la séquence terminée, tu pourras voir le feu rouge s'allumer et le buzzer sonner, indiquant aux piétons qu'ils peuvent traverser en toute sécurité. Après quelques secondes, le buzzer s'arrête et la séquence des feux de circulation recommence et se poursuit jusqu'à la prochaine pression sur le bouton.

Félicitations : tu as programmé ton propre schéma de feux de circulation entièrement fonctionnel, comprenant le passage pour piétons !

DÉFI : PEUX-TU AMÉLIORER LE PROGRAMME ?

Peux-tu modifier le programme afin de donner aux piétons plus de temps pour traverser ? Peux-tu trouver des informations sur les séquences des feux de circulation dans d'autres pays et reprogrammer tes feux en conséquence ? Comment pourrais-tu réduire la luminosité des LED ?

Projet Python : jeu de réaction rapide

Maintenant que tu sais comment utiliser les boutons et les LED en entrée et en sortie, tu es prêt(e) pour te lancer dans l'informatique du monde réel : un jeu pour deux joueurs qui détermine lequel des deux possède les meilleurs réflexes ! Pour ce projet, tu auras besoin d'une platine, d'une LED, d'une résistance 330 Ω, de deux interrupteurs à bouton-poussoir, de plusieurs fils de raccordement mâle-femelle (M2F), ainsi que de quelques fils mâle-mâle (M2M).

Commence par construire le circuit (**Figure 6-12**) : connecte le premier interrupteur sur le côté gauche de ta platine à la broche 14 du GPIO (étiquetée GP14 dans **Figure 6-12**). Le deuxième interrupteur à droite de ta platine se connecte à la broche 15 (étiquetée GP15) ; la broche la plus longue de la LED se connecte à la résistance de 330 Ω, , qui se connecte ensuite à la broche 4 du GPIO (étiquetée GP4). La deuxième broche de chacun de tes composants se connecte au rail de masse de ta platine. Pour finir, connecte le rail de masse à une broche de masse (GND) de ton Raspberry Pi.

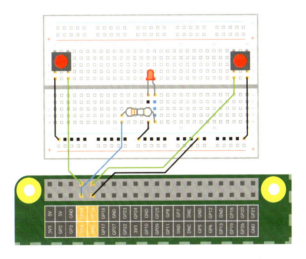

Figure 6-12 Schéma de câblage pour le jeu de vitesse de réaction

Crée un nouveau projet dans Thonny et enregistre-le sous **Jeu de Réaction.py**. Tu vas devoir utiliser les fonctions **LED** et **button** de la bibliothèque GPIO Zero, ainsi que la fonction **sleep** de la bibliothèque « time ». Plutôt que d'importer les deux fonctions GPIO Zero sur deux lignes distinctes, tu peux gagner du temps et les importer ensemble en utilisant une virgule (**,**) pour les séparer. Saisis les éléments ci-dessous dans la zone de script :

```
from gpiozero import LED, Button
from time import sleep
```

Chapitre 7

L'informatique physique avec la Sense HAT

Utilisée à bord de la Station spatiale internationale, la Sense HAT est une carte complémentaire multifonction pour Raspberry Pi, équipée de capteurs et d'un écran matriciel à LED.

Le Raspberry Pi supporte l'installation d'un type spécial de carte complémentaire appelée *HAT* (*Hardware Attached on Top*, ou *matériel ajouté-dessus en français*). Les HAT peuvent ajouter de nombreux éléments au Raspberry Pi, qu'il s'agisse de microphones, de lumières, de relais électroniques, ou même d'écrans. L'une des cartes HAT en particulier nous intéresse tout particulièrement : la Sense HAT.

> **ATTENTION !**
>
> Au moment de la rédaction de ce document, ni Scratch 3 ni le logiciel Sense HAT Emulator n'ont été mis à jour pour prendre en charge le Raspberry Pi 5, et le Sense HAT Emulator contient un bogue qui l'empêche de fonctionner sur la dernière version du Raspberry Pi OS (consulte **rptl.io/sense-emu-fix** pour trouver une solution de contournement partielle). Si tu rencontres des problèmes, essaie de voir s'il existe des mises à jour (reporte-toi au Chapitre 3, *Utiliser ton Raspberry Pi*).

La Sense HAT a été conçue spécialement pour la mission spatiale Astro Pi. Dans le cadre de ce projet commun porté par la Raspberry Pi Foundation, l'Agence spatiale du Royaume-Uni et l'Agence spatiale européenne (ESA), des cartes Raspberry Pi et Sense HAT ont été livrées à la Station spatiale internationale (ISS) par un véhicule de ravitaillement Cygnus d'Orbital Sciences. Une fois mis en orbite en toute sécurité au-dessus de la Terre, les Raspberry Pi (surnommés Ed et Izzy par les astronautes) ont été utilisés pour exécuter des programmes et réaliser des expériences scientifiques auxquelles ont participé des dizaines de milliers d'écoliers de toute l'Europe. Du nouveau matériel Raspberry Pi mis à jour (des Raspberry Pi 4 surnommés Flora, Fauna et Fungi) a été envoyé sur l'ISS en 2022. Si tu vis en Europe et que tu as moins de 19 ans, tu peux découvrir comment exécuter ton propre programme et tes propres expériences dans l'espace sur **astro-pi.org**.

Le modèle de Sense HAT qui est utilisé sur l'ISS se trouve également ici sur Terre, chez tous les vendeurs de Raspberry Pi. D'ailleurs, si tu ne veux pas acheter de Sense HAT tout de suite, tu peux en simuler une via un logiciel !

RÉEL OU SIMULÉ

Ce chapitre a été conçu en ayant en tête une Sense HAT rattachée au connecteur GPIO d'un Raspberry Pi, mais si tu n'en a pas, tu peux ignorer la section «Installation de la Sense HAT» à la page 162 et simplement essayer les projets dans l'émulateur Sense HAT : ils fonctionneront tout aussi bien !

Présentation de la Sense HAT

La Sense HAT (**Figure 7-1**) est un complément puissant et multifonction pour Raspberry Pi. En plus d'une matrice 8×8 de 64 LED rouges, vertes et bleues (RVB) qui peuvent être commandées pour produire n'importe quelle couleur parmi des millions, la Sense HAT comprend un contrôleur joystick à cinq directions et six capteurs sur la carte (voire sept sur les modèles les plus récents).

Figure 7-1 La Sense HAT

▸ **Capteur gyroscopique** : utilisé pour détecter les changements d'angle au fil du temps, connus sous le nom technique de *vitesse angulaire*, le capteur gyroscopique t'indique à quel moment tu fais pivoter la Sense HAT sur l'un de ses trois axes et à quelle vitesse.

▸ **Accéléromètre** : semblable au capteur gyroscopique, mais plutôt qu'une mesure d'angle par rapport à la gravité de la Terre, il mesure la force d'accélération dans plusieurs directions. Combinés, les relevés (données) de ces deux capteurs peuvent t'aider à suivre la direction dans laquelle pointe la Sense HAT et comment elle se déplace.

▸ **Magnétomètre** : le magnétomètre mesure la force d'un champ magnétique. Ce capteur peut également aider à suivre les mouvements de la Sense HAT : en mesurant le champ magnétique naturel de la Terre, le magnétomètre peut déterminer la direction du nord magnétique. Ce même capteur peut également être utilisé pour détecter des objets métalliques et des champs électriques. Ces trois capteurs sont intégrés dans une seule puce, appelée **ACCEL/GYRO/MAG** sur la carte de la Sense HAT.

▸ **Capteur d'humidité** : mesure la teneur en vapeur d'eau de l'air, connue sous le nom d'*humidité relative*. L'humidité relative peut varier de 0 % (absence totale d'eau), à 100 % (saturation totale de l'air). Les données sur l'humidité peuvent également aider à détecter s'il va bientôt pleuvoir !

▸ **Capteur de pression barométrique** : également connu sous le nom de baromètre, il mesure la pression atmosphérique. Pour la plupart des gens, le baromètre est lié aux prévisions météo, mais il a également une seconde utilité secrète : lors de l'ascension ou de la descente d'une colline ou d'une montagne, il peut suivre ta progression, sachant que l'air se raréfie et que la pression baisse à mesure que tu t'éloignes du niveau de la mer.

▸ **Capteur de température** : mesure la température ambiante, mais attention, la température de la Sense Hat elle-même peut perturber les données de ce capteur. Si tu utilises un boîtier, tes valeurs seront probablement plus élevées que prévu. La Sense HAT ne dispose pas de capteur de température séparé, elle utilise les capteurs de température intégrés aux capteurs d'humidité et de pression barométrique. Un programme peut utiliser l'un de ces capteurs ou les deux.

▸ **Capteur de couleur et de luminosité** : disponible uniquement sur la Sense HAT V2, le capteur de couleur et de luminosité évalue la lumière qui l'entoure et t'indique son intensité. Cet outil est idéal pour les projets dans lesquels tu souhaites réduire ou augmenter automatiquement le niveau d'éclairage des LED en fonction de la luminosité de ta pièce. Le capteur peut également servir à signaler la couleur de la lumière entrante. Ses relevés seront affectés par la lumière provenant de la matrice de LED de la Sense HAT, il faut donc en tenir compte lors de la conception de tes expériences. C'est le seul capteur que tu ne peux pas émuler avec l'émulateur Sense HAT ; tu auras besoin d'une véritable Sense HAT V2 pour l'utiliser.

Installation de la Sense HAT

Si tu as une Sense HAT physique, commence par la déballer et assure-toi que toutes les pièces sont présentes : tu dois avoir la Sense HAT, quatre montants en métal ou en plastique appelés *entretoises*, et huit vis. Il est possible que des broches métalliques disposées sur une bande en plastique noir soient également fournies, similaires aux connecteurs GPIO du Raspberry Pi ; si c'est le cas, insère la bande, broches vers le haut, sur le dessous de la Sense HAT jusqu'à ce que tu entendes un clic.

Les entretoises sont conçues pour éviter que la Sense HAT ne se plie ou ne se torde en utilisant le joystick. Ta Sense HAT fonctionnera même si elles ne sont pas installées, mais leur utilisation permet de protéger ta Sense HAT, ton Raspberry Pi et ton connecteur GPIO de tout risque d'endommagement.

Si tu utilises la Sense HAT avec le Raspberry Pi Zero 2 W, tu ne pourras pas utiliser les quatre entretoises. Tu devras également avoir soudé quelques broches sur le connecteur GPIO, ou avoir acheté ta carte auprès d'un revendeur qui l'aura fait pour toi.

Installe les entretoises en insérant quatre vis en dessous de ton Raspberry Pi à travers les quatre orifices situés à chaque coin, puis visse les entretoises. Insère la Sense HAT dans le connecteur GPIO du Raspberry Pi, en veillant à l'aligner correctement avec les broches et à la maintenir aussi horizontale que possible.

Enfin, fixe la Sense HAT aux entretoises que tu as installées précédemment en insérant les quatre dernières vis dans les orifices prévus à cet effet. Si elle est installée correctement, la Sense HAT doit être parfaitement à plat et ne doit pas se plier ou vibrer lorsque tu appuies sur son joystick.

Rebranche l'alimentation de ton Raspberry Pi. Tu dois alors voir les voyants LED de la Sense HAT s'allumer à la façon d'un arc-en-ciel (**Figure 7-2**), puis s'éteindre. Ta Sense HAT est installée !

Figure 7-2   Un effet arc-en-ciel apparaît lors de la première mise sous tension

Si tu souhaites retirer la Sense HAT, il te suffit de desserrer les vis du haut, de soulever la HAT (en faisant attention à ne pas plier les broches du connecteur GPIO, tu vas peut-être devoir forcer un peu, mais fais preuve de douceur), puis de retirer les entretoises du Raspberry Pi.

Tu auras besoin d'un logiciel pour programmer la Sense HAT, et celui-ci n'est peut-être pas encore installé. Si tu ne trouves pas l'émulateur Sense HAT dans la section **Programmation** du menu Raspberry, reporte-toi au Annexe B, *Installation et désinstallation de logiciels* puis suis les instructions de l'outil **Add/ Remove Software** pour l'installer. Si tu ne trouves pas Scratch 3, reporte-toi au «L'outil Recommended Software» à la page 43.

Hello, Sense HAT !

Point de départ obligé de tous les projets de programmation, la première activité à réaliser avec ta Sense HAT sera de faire défiler un message de bienvenue sur la matrice de LED. Si tu utilises l'émulateur Sense HAT, charge-le maintenant en cliquant sur l'icône du menu Raspberry Pi OS, en choisissant la catégorie **Programmation**, et en cliquant sur **Sense HAT Emulator**.

Message de bienvenue de Scratch

Charge Scratch 3 depuis le menu Raspberry Pi. Clique sur le bouton **Ajouter une extension** en bas à gauche de la fenêtre « Scratch ». Clique sur l'extension **Raspberry Pi Sense HAT** de Raspberry Pi (**Figure 7-3**). Tu pourras ainsi charger les blocs dont tu as besoin pour contrôler les différentes fonctions de la Sense HAT, y compris sa matrice de LED. Quand tu en auras besoin, tu les retrouveras dans la catégorie **Raspberry Pi Sense HAT**.

Commence par faire glisser un bloc d'événement `quand 🚩 est cliqué` de la catégorie **Événements** sur la zone de script, puis fais glisser un bloc `display text Bonjour !` directement en dessous. Modifie le texte pour que le bloc indique `display text Bonjour tout le monde !`.

Clique sur le drapeau vert sur la scène et observe ta Sense HAT ou ton simulateur Sense HAT : le message défilera lentement sur la matrice de LED de la Sense HAT, illuminant les LED à la manière de pixels pour former chacune des lettres, l'une après l'autre (**Figure 7-4**). Félicitations : ton programme est un franc succès !

Figure 7-3   Ajouter l'extension Sense HAT de Raspberry Pi dans Scratch 3

Figure 7-4   Ton message défile sur la matrice de LED

Maintenant que tu peux faire défiler un simple message, il est temps de définir son affichage. En plus de pouvoir modifier le message à afficher, tu peux modifier le sens dans lequel il défile sur la Sense HAT. Fais glisser un bloc `set rotation to 0 degrees` depuis la palette des blocs et insère-le en-dessous de `quand ⚑ est cliqué` et au-dessus de `display text Bonjour tout le monde !`. Clique ensuite sur la flèche vers le bas à côté de **0** et remplace-la par **90**.

Clique sur le drapeau vert et tu verras apparaître le même message qu'aupa-ravant, mais au lieu de défiler de gauche à droite, il défilera de bas en haut

(**Figure** 7-5) : tu vas devoir soit tourner la tête, soit faire pivoter la Sense HAT pour le lire !

Figure 7-5 Cette fois, le message défile
verticalement

Redéfinis maintenant la rotation sur 0 et fais glisser un bloc `set colour` entre `set rotation to 0 degrees` et `display text Bonjour tout le monde !`. Clique sur la couleur à la fin du bloc pour faire apparaître le sélecteur de couleurs de Scratch et choisis un beau jaune vif, puis clique sur le drapeau vert pour observer les changements dans le rendu de ton programme (**Figure** 7-6).

Figure 7-6 Changer la couleur du texte

Enfin, fais glisser un bloc `set background` entre `set colour` et `display text Bonjour tout le monde !`, puis clique sur la couleur pour faire réapparaître le sélecteur de couleur. Cette fois, le choix d'une couleur n'affecte pas les LED qui composent le message, mais s'appliquera à toutes les autres, c'est-à-dire celles qui composent le fond. Choisis une jolie couleur bleue, puis clique à nouveau sur le drapeau vert : cette fois, ton message sera affiché en jaune vif sur un fond bleu. Essaie plusieurs couleurs pour trouver ta combinaison préférée : toutes les couleurs ne vont pas bien ensemble !

Tu peux faire défiler des messages entiers, mais également des lettres individuelles. Fais glisser ton bloc `display text Bonjour tout le monde !` hors de la zone de script pour le supprimer, puis fais glisser un bloc `display character A` sur la zone de script à sa place.

Clique sur le drapeau vert, et constate la différence : ce bloc n'affiche qu'une seule lettre à la fois, et la lettre reste sur la Sense HAT aussi longtemps que tu le souhaites, sans défiler et sans disparaître. Les mêmes blocs de couleur s'appliquent à ce bloc en tant que bloc `display text` : tente de modifier la couleur de la lettre en rouge (**Figure 7-7**).

Figure 7-7   Affichage d'une seule lettre

DÉFI : RÉPÈTE LE MESSAGE

Es-tu capable de mettre à profit tes connaissances en matière de boucles pour faire en sorte de répéter un message qui défile ? Peux-tu créer un programme qui épelle un mot lettre par lettre en utilisant différentes couleurs ?

Message de bienvenue de Python

Charge Thonny en cliquant sur l'icône du menu Raspberry, en choisissant **Programmation** et en cliquant sur **Thonny**. Si tu utilises l'émulateur Sense HAT et qu'il est couvert par la fenêtre Thonny, clique et maintiens enfoncé le bouton de la souris sur la barre de titre de l'une ou l'autre fenêtre (en haut, en bleu) et fais-la glisser pour la déplacer sur le bureau jusqu'à ce que tu puisses voir les deux fenêtres.

Modifie tes blocs de pixels existants comme suit, et fais glisser d'autres blocs vers le bas jusqu'à obtenir le programme suivant :

Avant de cliquer sur le drapeau vert, essaie de deviner l'image qui va apparaître en te basant sur les coordonnées de la matrice de LED que tu as utilisée, puis exécute ton programme et vois si tu as raison !

DÉFI : NOUVEAUX DESIGNS

Es-tu capable de concevoir d'autres images ? Procure-toi du papier millimétré ou quadrillé et sers-toi-en pour créer ton image manuellement. Peux-tu dessiner une image et la faire changer de couleur ?

Images dans Python

Crée un nouveau programme dans Thonny et enregistre-le en tant que Dessin Sense HAT, puis saisis ce qui suit sans oublier d'utiliser **sense_emu** (au lieu de **sense_hat**) si tu utilises l'émulateur Sense HAT :

```
from sense_hat import SenseHat
sense = SenseHat()
```

N'oublie pas que tu as besoin de ces deux lignes dans ton programme pour utiliser la Sense HAT. Saisis ensuite :

```
sense.clear(255, 255, 255)
```

Sans regarder directement les LED de la Sense HAT, clique sur l'icône **Exécuter** : tu dois normalement les voir toutes passer à un blanc éclatant (**Figure 7-13**) et c'est pourquoi tu ne dois surtout pas les regarder directement lorsque tu exécutes ton programme !

Figure 7-13   Ne regarde pas directement les LED lorsqu'elles brillent d'un blanc éclatant

---

ATTENTION

Lorsque les LED affichent un blanc éclatant, évite de les regarder directement : elles sont suffisamment lumineuses pour t'abîmer les yeux.

Le paramètre **sense.clear()** est conçu pour supprimer toute programmation antérieure des LED, mais prend en charge les paramètres de couleur RGB, ce qui signifie que tu peux régler la couleur de ton choix. Essaie de modifier la ligne comme suit :

```
sense.clear(0, 255, 0)
```

Clique sur **Exécuter**, et la Sense HAT prend alors une teinte verte vive (**Figure 7-14**). Essaie différentes couleurs ou ajoute les variables de couleur que tu as créées pour ton programme « Bonjour tout le monde ! » afin d'en faciliter la lecture.

Figure 7-14   La matrice à LED, illuminée en vert vif

Pour effacer les valeurs attribuées aux LED, tu dois utiliser les valeurs RGB pour le noir : 0 rouge, 0 bleu et 0 vert. Il existe cependant un moyen plus facile. Modifie la ligne de ton programme de la façon suivante :

```
sense.clear()
```

La Sense HAT s'assombrit car, pour la fonction **sense.clear()**, le fait de ne rien mettre entre parenthèses équivaut à lui dire de les colorer en noir, et donc de les éteindre (**Figure 7-15**). Lorsque tu as besoin de réinitialiser toutes les valeurs LED de tes programmes, cette fonction est extrêmement utile.

Figure 7-15   Utilise la fonction **sense.clear** pour éteindre toutes les LED

Pour créer ta propre version de la matrice de LED illustrée au début de cette section, avec deux LED spécifiquement sélectionnées en rouge et bleu, laisse le bloc en haut de ton programme et ajoute les lignes suivantes à ton pro-gramme après **sense.clear()** :

```
sense.set_pixel(0, 2, (0, 0, 255))
sense.set_pixel(7, 4, (255, 0, 0))
```

Les deux premiers chiffres correspondent à l'emplacement du pixel sur la ma-trice, l'axe X (horizontal) suivi de l'axe Y (vertical). Ensuite, entre parenthèses, se trouvent les valeurs RGB de la couleur des pixels. Clique sur le bouton **Exé-cuter** et observe l'effet : deux LED de ta Sense HAT s'allument, comme dans la **Figure 7-11**.

Supprime ces deux lignes et saisis ce qui suit :

```
sense.set_pixel(2, 2, (0, 0, 255))
sense.set_pixel(4, 2, (0, 0, 255))
sense.set_pixel(3, 4, (100, 0, 0))
sense.set_pixel(1, 5, (255, 0, 0))
sense.set_pixel(2, 6, (255, 0, 0))
sense.set_pixel(3, 6, (255, 0, 0))
sense.set_pixel(4, 6, (255, 0, 0))
sense.set_pixel(5, 5, (255, 0, 0))
```

Avant de cliquer sur **Exécuter**, regarde les coordonnées et compare-les à la matrice : peux-tu deviner à quelle image correspondent ces instructions ? Clique sur **Exécuter** pour savoir si tu avais bien deviné !

Dessiner une image détaillée à l'aide des fonctions **set_pixel()** prend du temps. Pour accélérer le processus, tu peux modifier plusieurs pixels en même temps. Supprime toutes tes lignes **set_pixel()** et saisis :

```
g = (0, 255, 0)
b = (0, 0, 0)
creeper_pixels = [
    g, g, g, g, g, g, g, g,
    g, g, g, g, g, g, g, g,
    g, b, b, g, g, b, b, g,
    g, b, b, g, g, b, b, g,
    g, g, g, b, b, g, g, g,
    g, g, b, b, b, b, g, g,
    g, g, b, b, b, b, g, g,
    g, g, b, g, g, b, g, g
]
sense.set_pixels(creeper_pixels)
```

Il y a beaucoup de lignes, mais commence par cliquer sur **Exécuter** pour voir si tu reconnais ta petite créature, un creeper. Les deux premières lignes créent deux variables pour définir les couleurs : le vert et le noir. Pour faciliter l'écriture et la lecture du code du dessin, les variables sont représentées par des lettres : la lettre « **g** » représente le vert et la lettre « **b** » représente le noir.

Le bloc de code suivant crée une variable qui définit les valeurs de couleur pour les 64 pixels de la matrice LED, séparées par des virgules et placées entre crochets. Au lieu de chiffres, ce code utilise les variables de couleur que tu as créées précédemment : en regardant de près et gardant à l'esprit que la lettre « **g** » représente le vert et la lettre « **b** » représente le noir, tu peux déjà apercevoir l'image qui va apparaître (**Figure 7-16**).

Enfin, la fonction **sense.set_pixels(creeper_pixels)** s'appuie sur cette variable et utilise la fonction **sense.set_pixels()** pour dessiner l'intégralité de la matrice en une seule fois. Utiliser cette méthode est bien plus rapide que de devoir tracer des images pixel par pixel !

Figure 7-16   Affichage d'une image sur la matrice

Tu peux également faire pivoter et retourner les images, soit pour montrer les images dans le bon sens lorsque tu as retourné ta Sense HAT, soit pour créer des animations simples à partir d'une seule image asymétrique.

Avant toute autre chose, modifie ta variable **creeper_pixels** pour lui faire fermer l'œil gauche, en remplaçant les quatre pixels « **b** », après les deux premières colonnes sur la troisième ligne et quatrième ligne, par « **g** » :

```
creeper_pixels = [
    g, g, g, g, g, g, g, g,
    g, g, g, g, g, g, g, g,
    g, g, g, g, g, b, b, g,
    g, g, g, g, g, b, b, g,
    g, g, g, b, b, g, g, g,
    g, g, b, b, b, b, g, g,
```

```
    g, g, b, b, b, b, g, g,
    g, g, b, g, g, b, g, g
]
```

Clique sur **Exécuter**, et tu verras le creeper fermer l'œil gauche (**Figure 7-17**). Pour créer une animation, reviens au début de ton programme et ajoute la ligne :

```
from time import sleep
```

Ensuite, va tout en bas et saisis :

```
while True:
    sleep(1)
    sense.flip_h()
```

Clique sur **Exécuter**, et regarde le creeper fermer et ouvrir les yeux.

Figure 7-17   Projection d'une simple animation de deux images

La fonction **flip_h()** permet de retourner une image autour de son axe horizontal ; si tu veux retourner une image autour de son axe vertical, remplace **sense.flip_h()** par **sense.flip_v()**. Tu peux également faire pivoter une image de 0, 90, 180 ou 270 degrés en utilisant la fonction **sense.set_rotation(90)**, en changeant le nombre de degrés en fonction de l'angle selon lequel tu souhaites faire pivoter l'image. Essaie de retourner le creeper au lieu de lui faire cligner des yeux !

DÉFI : NOUVEAUX DESIGNS

Peux-tu concevoir d'autres images et animations ? Procure-toi du papier millimétré ou quadrillé et sers-toi-en pour créer ton image manuellement, ce qui simplifiera l'écriture de la variable. Serais-tu capable de dessiner une image et de la faire changer de couleur ? Conseil : tu peux modifier les variables si tu les as déjà utilisées une fois.

Sentir le monde qui t'entoure

Le véritable pouvoir de la Sense HAT réside dans les différents capteurs dont elle dispose. Ils te permettent de mesurer de nombreux paramètres, comme la température et l'accélération, et d'utiliser les données dans tes programmes.

L'ÉMULATION DES CAPTEURS

Si tu utilises un émulateur Sense HAT, tu vas devoir activer la simulation des capteurs inertiels et environnementaux : dans l'émulateur, clique sur **Edit**, puis sur **Preferences** en cochant les cases correspondantes. Dans le même menu, sélectionne **180°..360°|0°..180°** sous **Orientation Scale** pour t'assurer que les chiffres de l'émulateur correspondent aux chiffres indiqués par Scratch et Python, puis clique sur le bouton « Close (Fermer) ».

Détection de l'environnement

Le capteur de pression barométrique, le capteur d'humidité et le capteur de température sont tous des capteurs environnementaux qui mesurent différents paramètres dans l'environnement qui entoure la Sense HAT.

Détection de l'environnement dans Scratch

Crée un nouveau programme dans Scratch, en sauvegardant ton ancien programme si tu le souhaites, et ajoute l'extension **Raspberry Pi Sense HAT** si tu ne l'as pas encore chargée. Commence par faire glisser un bloc d'événement `quand [] est cliqué` de la catégorie **Événements** dans ta zone de script, puis fais glisser un bloc `clear display` en dessous, puis un bloc `set background to black` en dessous de ce dernier. Ensuite, ajoute un bloc `set colour to white` : utilise les curseurs de **Luminosité** et de **Saturation** pour choisir la bonne couleur. Il est toujours utile de procéder de la sorte au début de tes programmes, car cela permettra d'éviter que la Sense HAT affiche des éléments de programmes précédents tout en garantissant les couleurs de ton choix. Fais glisser un bloc `dire Bonjour ! pendant 2 secondes` de la catégorie **Apparence** directement sous tes blocs existants. Pour effectuer un relevé du capteur de pression, recherche le bloc `pressure` dans la catégorie **Raspberry Pi Sense HAT** et fais-le glisser au-dessus du mot « **Bonjour !** » dans ton bloc `dire Bonjour ! pendant 2 secondes`.

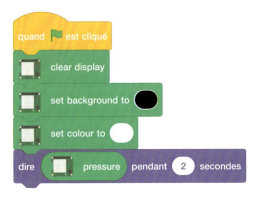

Clique sur le drapeau vert et le chat Scratch t'indiquera les valeurs du capteur de pression en *millibars*. Le message s'efface au bout de deux secondes. Essaie de souffler sur la Sense HAT (ou de déplacer le curseur de **Pressure** vers le haut dans l'émulateur) en cliquant sur le drapeau vert pour exécuter à nouveau le programme ; cette fois, tu devrais obtenir une valeur plus élevée (**Figure 7-18**).

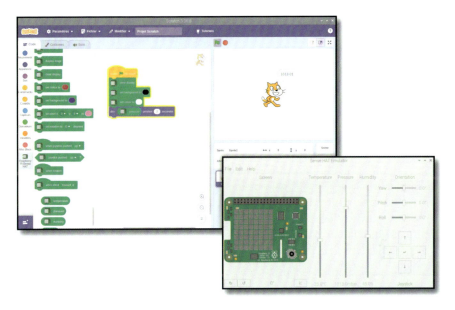

Figure 7-18 Affichage du relevé du capteur de pression

MODIFICATION DES VALEURS

Si tu utilises l'émulateur Sense HAT, tu peux modifier les valeurs signalées par chacun des capteurs émulés à l'aide des curseurs et boutons correspondants. Essaie de faire glisser le curseur du capteur de pression vers le bas, puis clique à nouveau sur le drapeau vert.

Pour passer au capteur d'humidité, supprime le bloc `pressure` et remplace-le par le bloc `humidity`. Relance ton programme, et l'humidité relative actuelle de la pièce s'affiche. Encore une fois, tu peux essayer de l'exécuter à nouveau en soufflant sur la Sense HAT (ou en déplaçant le curseur **Humidity** de l'émulateur vers le haut) pour observer le changement de relevé (**Figure 7-19**) : ton souffle est étonnamment humide !

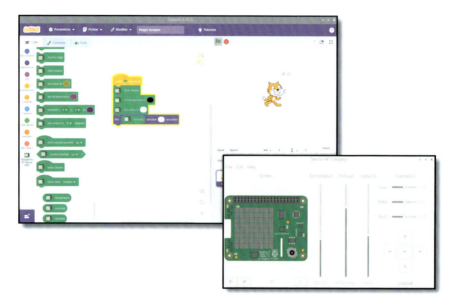

Figure 7-19 Affichage du relevé du capteur d'humidité

Pour le capteur de température, il suffit de supprimer le bloc `humidity` et de le remplacer par `temperature`, puis de relancer ton programme. La température s'affiche en degrés Celsius (**Figure 7-20**). Il se peut toutefois que le relevé de la température de ta pièce ne soit pas tout à fait exact : Raspberry Pi génère de la chaleur pendant qu'il est en fonctionnement, ce qui réchauffe également la Sense HAT et ses capteurs.

DÉFI : DÉFILEMENT ET BOUCLE

Peux-tu modifier ton programme pour afficher le relevé de chacun des capteurs à tour de rôle, puis les faire défiler sur la matrice de LED plutôt que de les afficher sur la scène ? Peux-tu faire tourner ton programme en boucle, afin qu'il affiche en permanence les conditions environnementales actuelles ?

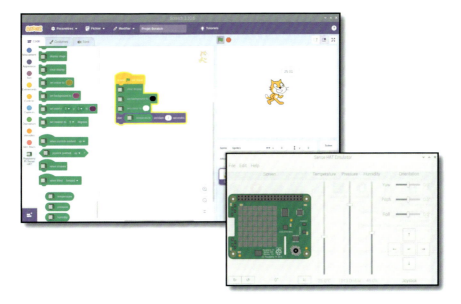

Figure 7-20 Affichage du relevé du capteur de température

Détection de l'environnement dans Python

Pour avoir accès au relevé des capteurs, crée un nouveau programme dans Thonny et enregistre-le sous **Capteurs Sense HAT.py**. Saisis ce qui suit dans la zone de script, comme toujours en utilisant la Sense HAT, et n'oublie pas d'indiquer **sense_emu** si tu utilises l'émulateur :

```python
from sense_hat import SenseHat
sense = SenseHat()
sense.clear()
```

Pense à systématiquement inclure la fonction **sense.clear()** au début de tes programmes, pour éviter que la Sense HAT n'affiche des éléments du dernier programme exécuté.

Pour obtenir les valeurs du capteur de pression, saisis :

```python
pressure = sense.get_pressure()
print(pressure)
```

Clique sur **Exécuter** et tu verras un numéro imprimé sur le Shell Python en bas de la fenêtre de Thonny. Il s'agit de la pression atmosphérique détectée par le capteur de pression barométrique, en *millibars* (**Figure 7-21**).

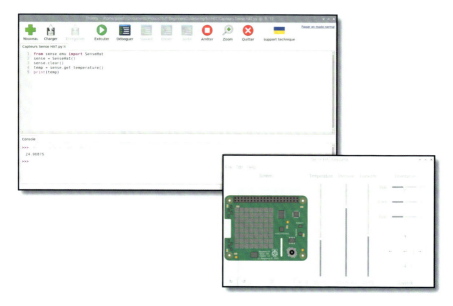

Figure 7-23 Affichage de la température actuelle

Clique sur **Exécuter** : tu devrais voir un nombre affiché sur la console Python (**Figure** 7-24). Cette fois, il est basé sur les relevés des deux capteurs, que tu as additionnés puis divisés par deux (le nombre de relevés) pour obtenir une moyenne. Si tu utilises l'émulateur, les trois méthodes (humidité, pression et la moyenne des deux) afficheront le même nombre.

DÉFI : DÉFILEMENT ET BOUCLE

Peux-tu modifier ton programme pour afficher le relevé de chacun des capteurs à tour de rôle, puis les faire défiler sur la matrice de LED plutôt que de les afficher sur le Shell ? Peux-tu faire tourner ton programme en boucle, afin qu'il affiche en permanence les conditions environnementales actuelles ?

Détection inertielle

Le capteur gyroscopique, l'accéléromètre et le magnétomètre peuvent être combinés pour former ce qu'on appelle couramment une *unité de mesure inertielle (UMI)*. Bien que, techniquement parlant, ces capteurs prennent des mesures de l'environnement alentour, tout comme les capteurs environnementaux (le magnétomètre, par exemple, mesure l'intensité du champ magnétique), ils sont généralement utilisés pour collecter des données re-

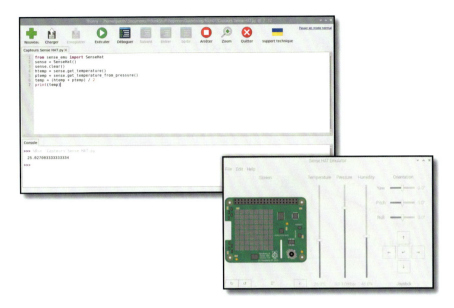

Figure 7-24   Température basée sur les relevés des deux capteurs

latives au mouvement de la Sense HAT en elle-même. L'UMI est la somme de plusieurs capteurs. Certains langages de programmation te permettent de lire chaque capteur séparément, tandis que d'autres ne te proposeront qu'une lecture combinée.

Pour bien comprendre ce qu'est l'UMI, il est essentiel que tu comprennes comment s'effectuent les différents mouvements. La Sense HAT, tout comme ton Raspberry Pi auquel elle est rattachée, peut se déplacer le long de trois axes spatiaux : d'un côté à l'autre sur l'axe X ; en avant et en arrière sur l'axe Y ; et de haut en bas sur l'axe Z (**Figure 7-25**). La Sense HAT peut également tourner autour de ces trois axes, mais ces rotations sont désignées par des termes spécifiques : la rotation sur l'axe X est appelée *roulis (roll)*, la rotation sur l'axe Y est dénommée *tangage (pitch)*, alors que toute rotation autour de l'axe Z prend le nom de *lacet (yaw)*. Lorsque tu fais tourner la Sense HAT le long de son axe court, tu ajustes son tangage ; lorsque tu la fais tourner le long de son axe long, il s'agit du roulis. Lorsque tu la fais tourner tout en la maintenant à plat sur la table, ce mouvement s'appelle un lacet. Imagine un avion : quand il décolle, il augmente son tangage pour prendre de l'altitude. Quand il effectue un tonneau, il tourne autour de son axe de rotation ; quand il utilise sa gouverne de direction pour tourner comme le ferait une voiture, il effectue un lacet.

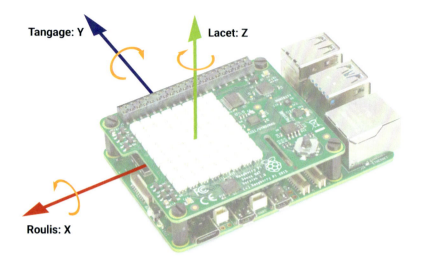

Figure 7-25   Les axes spatiaux de l'UMI de la Sense HAT

Détection inertielle dans Scratch

Crée un nouveau programme dans Scratch et ajoute l'extension **Raspberry Pi Sense HAT**, si tu ne l'as pas encore chargée. Commence ton programme comme tu l'as fait auparavant : fais glisser un bloc `quand est cliqué` de la catégorie **Événements** dans ta zone de code, puis fais glisser un bloc `clear display` en dessous, suivi des blocs `set background to black` et `set colour to white` que tu as modifiés. Fais glisser ensuite un bloc `répéter indéfiniment` en bas de tes blocs existants puis ajoute un bloc `dire Bonjour !`. Pour afficher un relevé pour chacun des trois axes de l'UMI (tangage, roulis et lacet), tu dois ajouter les blocs `join` de la catégorie **Opérateurs** en plus des blocs **Raspberry Pi Sense HAT** correspondants. N'oublie pas d'ajouter des espaces et des virgules pour faciliter la lecture des résultats.

Clique sur le drapeau vert pour lancer ton programme, et essaie de déplacer la Sense HAT et le Raspberry Pi dans tous les sens, en faisant attention de ne rien débrancher ! En inclinant la Sense HAT sur ses trois axes, tu pourras voir que les valeurs de tangage, de roulis et de lacet changent pour correspondre à la position dans laquelle tu as orienté le dispositif (**Figure 7-26**).

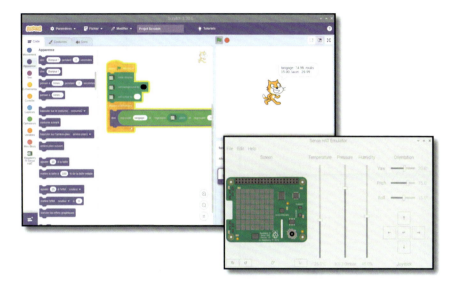

Figure 7-26   Affichage des valeurs de tangage, de roulis et de lacet

Détection inertielle dans Python

Crée un nouveau programme dans Thonny et enregistre-le sous **Mouvements Sense HAT.py**. Commence avec les mêmes lignes que de coutume, sans oublier d'intégrer **sense_emu** si tu utilises l'émulateur Sense HAT :

```python
from sense_hat import SenseHat
sense = SenseHat()
sense.clear()
```

Pour utiliser les informations de l''UMI afin de déterminer l'orientation actuelle de la Sense HAT sur ses trois axes, saisis les éléments suivants :

```python
orientation = sense.get_orientation()
pitch = orientation["pitch"]
roll = orientation["roll"]
yaw = orientation["yaw"]
print("tangage {0} roulis {1} lacet {2}".format(pitch, roll, yaw))
```

Clique sur **Exécuter** pour visualiser les relevés de l'orientation de la Sense HAT sur les trois axes (**Figure** 7-27). Essaie de faire pivoter la Sense HAT et de cliquer à nouveau sur **Exécuter**. Tu devrais voir les valeurs changer pour refléter la nouvelle orientation.

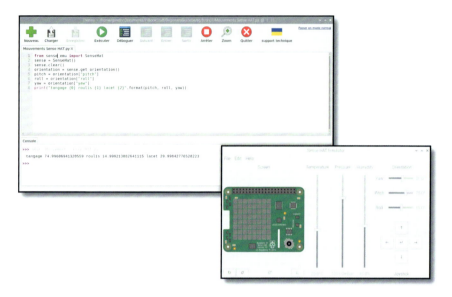

Figure 7-27   Affichage des valeurs de tangage, de roulis et de lacet de la Sense HAT

Mais l'UMI ne se contente pas de mesurer l'orientation : elle peut également détecter les mouvements. Pour obtenir des relevés de mouvement précis, l'UMI doit être lue fréquemment en boucle : contrairement à l'orientation, un seul relevé ne te donnera aucune information utile pour détecter un mouvement. Supprime tout ce qui suit **sense.clear()** puis saisis le code suivant :

```
while True:
    acceleration = sense.get_accelerometer_raw()
    x = acceleration["x"]
    y = acceleration["y"]
    z = acceleration["z"]
```

Tu disposes maintenant de variables contenant les relevés actuels de l'accéléromètre pour les trois axes spatiaux : X (de gauche à droite) ; Y (d'avant en arrière) ; Z (de haut en bas). La lecture des valeurs de l'accéléromètre peut s'avérer compliquée, mais tu peux la simplifier en arrondissant au nombre entier le plus proche. Pour ce faire, saisis les éléments suivants :

```
    x = round(x)
    y = round(y)
    z = round(z)
```

Pour finir, affiche les trois valeurs en saisissant la ligne suivante :

```
print("x={0}, y={1}, z={2}".format(x, y, z))
```

Clique sur **Exécuter**, et tu verras les valeurs de l'accéléromètre s'afficher dans la zone du Shell Python (**Figure 7-28**). Contrairement aux valeurs de ton programme précédent, celles-ci s'afficheront en continu. Pour arrêter ce processus, clique sur le bouton rouge d'arrêt du programme **Arrêter**.

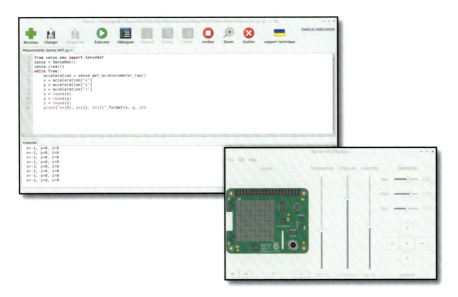

Figure 7-28   Relevés de l'accéléromètre arrondis au nombre entier le plus proche

Tu as peut-être remarqué que l'accéléromètre t'indique que l'un des axes (l'axe Z, si ton Raspberry Pi est posé à plat sur la table) a une valeur d'accélération de 1,0 gravité (1 G), alors que la Sense HAT ne bouge pas. Il détecte l'attraction gravitationnelle de la Terre, c'est-à-dire la force qui attire la Sense HAT vers le centre de la Terre, et la raison pour laquelle tout ce qui tombe de ton bureau finit inévitablement sur le sol.

Pendant que ton programme s'exécute, soulève délicatement la Sense HAT et le Raspberry Pi, et fais-les tourner, en faisant attention de ne débrancher aucun câble ! Si le port réseau de Raspberry Pi et les ports USB pointe vers le sol, tu verras les valeurs changer de sorte que l'axe Z indique 0 G et l'axe X 1 G. Tourne à nouveau pour que les ports HDMI et d'alimentation soient pointés vers le sol ; l'axe Y indique 1 G. Si tu fais le contraire et que le port HDMI de ton Raspberry Pi pointe vers le plafond, l'axe Y indique alors une valeur de -1 G.

En sachant que la gravité de la Terre est d'environ 1 G et en connaissant les axes spatiaux, tu peux déduire où est le bas et où est le haut à partir des relevés de l'accéléromètre. Tu peux également les utiliser pour détecter des mouvements : essaie de secouer avec précaution la Sense HAT et le Raspberry Pi, et observe les résultats. Plus tu secoues fort, plus l'accélération est importante.

Lorsque tu utilises la fonction **sense.get_accelerometer_raw()**, tu indiques à la Sense HAT d'éteindre les deux autres capteurs de l'UMI (le capteur gyroscopique et le magnétomètre) et de renvoyer les données émanant exclusivement de l'accéléromètre. Naturellement, tu peux faire la même chose avec les autres capteurs.

Cherche la ligne **acceleration = sense.get_accelerometer_raw()** et modifie-la comme suit :

```
orientation = sense.get_gyroscope_raw()
```

Remplace le mot **acceleration** sur les trois lignes en dessous par **orientation**. Clique sur **Exécuter**, et tu verras l'orientation de la Sense HAT sur les trois axes, arrondie au nombre entier le plus proche. Contrairement à la dernière fois où tu as vérifié l'orientation, cette fois-ci les données proviennent uniquement du gyroscope sans utiliser l'accéléromètre ou le magnétomètre. Cela peut être utile si tu veux connaître l'orientation d'une Sense HAT en mouvement à l'arrière d'un robot, par exemple, sans que le relevé soit influencé par le mouvement. Cela peut également te servir si tu utilises la Sense HAT à proximité d'un champ magnétique puissant.

Arrête ton programme en cliquant sur le bouton rouge **Arrêter**. Pour utiliser le magnétomètre, supprime tout le code de ton programme hormis les quatre premières lignes, puis saisis ce qui suit sous la ligne **while True** :

```
north = sense.get_compass()
print(north)
```

Lance ton programme et tu pourras alors voir la direction du Nord magnétique s'afficher à plusieurs reprises dans la zone du Shell Python. Fais tourner la Sense HAT avec précaution et tu verras le cap varier en fonction de l'orientation de la Sense HAT par rapport au nord : tu as construit une boussole ! Si tu possèdes un aimant (un simple magnet fera l'affaire), essaie de le déplacer autour de la Sense HAT et observe les effets de cette opération sur le magnétomètre.

DÉFI : ROTATION AUTOMATIQUE

En t'appuyant sur ce que tu as appris sur la matrice de LED et les capteurs de l'unité de mesure inertielle, saurais-tu écrire un programme qui fait tourner une image en fonction de la position de la Sense HAT ?

Contrôle par joystick

En dépit de sa petite taille, le joystick de la Sense HAT, qui se trouve dans le coin inférieur droit, est étonnamment puissant : il peut reconnaître des entrées dans les quatre directions (haut, bas, gauche et droite), ainsi qu'une cinquième entrée lorsque tu appuies dessus comme s'il s'agissait d'un bouton.

> **ATTENTION !**
>
> Le joystick de la Sense HAT ne doit être utilisé que si tu as installé les entretoises comme décrit au début de ce chapitre. Si tu ne les as pas installées, le fait d'appuyer sur le joystick risque de plier la carte Sense HAT et endommager le connecteur GPIO de la Sense HAT et du Raspberry Pi.

Contrôle par joystick dans Scratch

Crée un nouveau programme dans Scratch avec l'extension **Raspberry Pi Sense HAT** chargée. Commence ton programme comme tu l'as fait précédemment : fais glisser un bloc Événement `when green flag clear display` dans ta zone de script, puis fais glisser un bloc `clear display` en dessous, suivi des blocs `set background to black` et `set colour to white` que tu as modifiés.

Dans Scratch, le joystick de la Sense HAT correspond aux touches de curseur du clavier : pousser le joystick vers le haut équivaut à appuyer sur la flèche du haut, le pousser vers le bas équivaut à appuyer sur la flèche du bas. De même, le pousser vers la gauche équivaut à appuyer sur la flèche de gauche, et le pousser vers la droite équivaut à appuyer sur la flèche de droite. La pression exercée sur l'interrupteur à bouton-poussoir équivaut à appuyer sur la touche **ENTRÉE**.

Fais glisser un bloc `when joystick pushed up` sur ta zone de codage. Ensuite, pour lui assigner une activité, fais glisser un bloc `dire Bonjour ! pendant 2 secondes` en dessous.

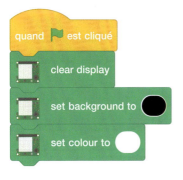

Pousse le joystick vers le haut et tu verras le chat de Scratch t'accueillir avec un joyeux « Hello ! ». Le contrôle par joystick n'est disponible qu'avec la Sense HAT physique. Lorsque tu utilises l'émulateur Sense HAT, sers-toi des touches correspondantes de ton clavier pour simuler des actions sur le joystick.

Ensuite, modifie le bloc **dire Bonjour !** en un bloc **dire Joystick vers le haut !**, et continue à ajouter des blocs des catégories **Événements** et **Apparence** jusqu'à ce que chacun des cinq modes de pression du joystick soit défini. Essaie de pousser le joystick dans différentes directions pour voir tes messages apparaître !

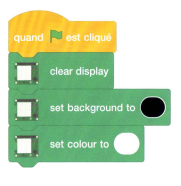

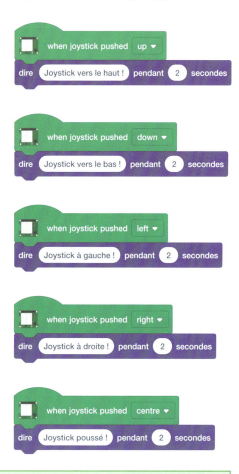

DÉFI FINAL

Peux-tu contrôler un sprite Scratch sur la scène à l'aide d'un joystick ? Peux-tu faire en sorte que si le sprite récupère un autre sprite, représentant un objet, les LED de la Sense HAT affichent un message de félicitations ?

Contrôle par joystick dans Python

Crée un nouveau programme dans Thonny et enregistre-le sous Joystick Sense HAT. Commence par les trois lignes habituelles qui configurent la Sense HAT et remets la matrice de LED en blanc : pense à utiliser **sense_emu** (plutôt que **sense_hat**) si tu utilises l'émulateur :

```
from sense_hat import SenseHat
sense = SenseHat()
sense.clear()
```

Mets en place une boucle infinie :

```
while True:
```

Ensuite, indique à Python de capter les signaux du joystick de la Sense HAT avec la ligne suivante, qui sera automatiquement indentée par Thonny :

```
    for event in sense.stick.get_events():
```

Enfin, ajoute la ligne suivante (également indentée par Thonny) pour définir une réaction à chaque pression du joystick :

```
        print(event.direction, event.action)
```

Clique sur **Exécuter** et essaie de pointer le joystick dans plusieurs directions. Tu verras la direction que tu as choisie s'afficher dans la zone du Shell Python : haut, bas, gauche, droite et milieu si tu as utilisé l'interrupteur à bouton-poussoir du joystick.

Tu verras également que deux événements te sont proposés chaque fois que tu appuies sur le joystick : un événement, **pressed**, quand tu pointes vers une direction pour la première fois ; l'autre événement, **released**, quand le joystick est ramené à la position initiale.

Tu peux exploiter ce facteur dans tes programmes : pense à un personnage dans un jeu – celui-ci peut se mettre en mouvement en pressant le joystick dans une direction, puis s'arrêter dès que le joystick est relâché.

Tu peux également utiliser le joystick pour déclencher des fonctions, plutôt que de te limiter à utiliser une boucle **for**. Supprime tout ce qui se trouve en dessous de **sense.clear()** et saisis :

```
def red():
    sense.clear(255, 0, 0)
```

Chapitre 8

Module de caméra du Raspberry Pi

En connectant un Camera Module (module de caméra) ou une HQ Camera (caméra de haute qualité) à ton Raspberry Pi, tu peux prendre des photos et des vidéos haute résolution, et créer d'excellents projets de vision par ordinateur.

Si tu as toujours rêvé de fabriquer quelque chose qui peut voir par lui-même (ce que l'on appelle dans le monde de la robotique la *vision par ordinateur*) alors des modules optionnels de Raspberry Pi comme le Camera Module 3 (module caméra), la High Quality Camera (caméra de haute qualité) et la Global Shutter Camera (caméra à obturateur global) constituent un excellent point de départ. Tous les trois sont de petites cartes électroniques de forme carrée, équipées d'une limande qui se connecte au port CSI (Camera Serial Interface, ou Interface Série de la Caméra) de ton Raspberry Pi (non disponible sur le Raspberry Pi 400). Ils fournissent des images fixes ainsi que des signaux vidéo haute résolution, qui peuvent être utilisés tels quels ou être intégrés dans tes propres programmes.

> **RASPBERRY PI 400**
>
> Malheureusement, les Raspberry Pi Camera Modules ne sont pas compatibles avec le modèle Raspberry Pi 400. Une solution alternative consiste à utiliser une webcam USB, mais tu ne pourras pas utiliser les outils logiciels spécifiques au Camera Module de Raspberry Pi inclus dans Raspberry Pi OS.

Figure 8-1 Le Camera Module Raspberry Pi 3

Variantes de la caméra

Il existe plusieurs types de modules de caméra Raspberry Pi, comme le Camera Module 3 standard, la version "NoIR", la High Quality (HQ) Camera et la Global Shutter Camera, et le choix du modèle est lié à l'utilisation que tu veux en faire. Si tu souhaites prendre des photos et des vidéos normales dans des environnements bien éclairés, tu peux utiliser le Camera Module 3 standard, ou le Camera Module 3 large pour bénéficier d'un champ de vision plus large.

Si tu souhaites pouvoir changer d'objectif et que tu es à la recherche de la meilleure qualité d'image possible, utilise le HQ Camera Module. Le NoIR Camera Module 3 (appelé ainsi parce qu'il ne possède pas de filtre infrarouge, ou IR) est conçu pour être utilisé avec des sources de lumière infrarouge afin de prendre des photos et des vidéos dans l'obscurité totale. Il est également disponible en version grand angle. Si tu construis un nichoir équipé d'une caméra, une caméra de sécurité ou tout autre projet nécessitant de voir dans l'obscurité, il te faut la version NoIR, ainsi qu' une source de lumière infrarouge. Enfin, la Global Shutter Camera capture l'ensemble de l'image en une seule fois, plutôt que ligne par ligne, ce qui la rend particulièrement adaptée à la photographie haute vitesse et aux travaux de vision par ordinateur.

Le Camera Module 3 du Raspberry Pi

Le Camera Module 3 de Raspberry Pi, disponible en versions standard et NoIR, est construit autour d'un capteur d'image Sony IMX708. Il s'agit d'un *capteur de 12 mégapixels*, ce qui signifie qu'il capture des images comportant jusqu'à 12 millions de pixels. La taille maximale de l'image est de 4 608 pixels de large sur 2 592 pixels de haut. Il existe deux options d'objectif pourle Camera Module du Raspberry Pi 3 : l'objectif standard, qui capture un champ de vision de 75 degrés de large, et l'objectif grand angle, qui a un champ de vision de 120 degrés.

En plus des photos, le Camera Module 3 de Raspberry Pi peut capturer des séquences vidéo en résolution Full HD (1 080 p) à une vitesse de 50 images par seconde (50 fps). Pour obtenir des mouvements plus fluides ou pour créer un effet de ralenti, la caméra peut être réglée pour capturer des images à une cadence plus élevée tout en diminuant la résolution : tu obtiens alors une résolution de 720 p à 100 fps ou une résolution 480 p (VGA) à 120 fps. Le module a un dernier tour dans son sac par rapport aux versions précédentes : il dispose d'un *autofocus*, ce qui signifie qu'il peut ajuster automatiquement la mise au point en fonction d'un sujet proche ou éloigné.

High Quality Camera Raspberry Pi

La High Quality Camera utilise un capteur Sony IMX477 de 12,3 mégapixels. Ce capteur est plus grand que celui des Camera Modules standard et NoIR, ce qui signifie qu'il peut capter plus de lumière, et donc produire des images de meilleure qualité. Cependant, contrairement aux Camera Modules, la HQ Camera n'est pas livrée avec un objectif, même si celui-ci est indispensable pour prendre des photos ou des vidéos. Tu peux utiliser n'importe quel objectif qui a une monture C ou CS ; d'autres montures peuvent être utilisées à l'aide d'un adaptateur C ou CS approprié. Une autre version de la High Quality Camera est disponible pour une utilisation avec des objectifs à monture M12.

Global Shutter Camera Raspberry Pi

La Global Shutter Camera (ou caméra à obturateur global) utilise un capteur Sony IMX296 de 1,6 mégapixel. Bien que sa résolution soit inférieure à celle du Camera Module standard de Raspberry Pi ou de la High Quality Camera, sa capacité à capturer l'intégralité de l'image en une seule fois lui permet d'exceller dans la capture de sujets se déplaçant rapidement, sans la distorsion que l'on peut obtenir avec une caméra à obturateur mobile. Comme la High Quality Camera, elle est livrée sans objectif et peut être équipé d'objectifs à monture C et CS. Contrairement à la High Quality Camera, il n'existe pas de version à monture M12 à l'heure où nous écrivons ces lignes.

Le Camera Module 2 du Raspberry Pi

Le Camera Module 2 du Raspberry Pi et sa variante NoIR sont basés sur un capteur d'image Sony IMX219. Il s'agit d'un capteur de 8 mégapixels, qui est en mesure de prendre des photos comportant jusqu'à 8 millions de pixels, soit 3 280 pixels de long sur 2 464 de large. Outre les images fixes, le module caméra peut capturer des vidéos en résolution Full HD (1 080 p) à 30 images par seconde (30 fps). La fréquence peut être plus élevée à des résolutions inférieures : 60 images par seconde pour les séquences vidéo 720 p et jusqu'à 90 images par seconde pour les séquences 480 p (VGA).

RASPBERRY PI ZERO ET RASPBERRY PI 5

Tous les modèles du Raspberry Pi Camera Module sont compatibles avec le Raspberry Pi Zero 2 W, les versions plus récentes des Raspberry Pi Zero et Zero W originaux et le Raspberry Pi 5. Si tu utilises un Raspberry Pi 5, tu auras besoin d'une limande différente de celle que tu as pu utiliser avec le Raspberry Pi 4 et les modèles antérieurs.

Demande à ton revendeur agréé préféré une limande appropriée : l'extrémité la plus large s'insère dans la caméra, tandis que l'extrémité la plus étroite s'insère dans le Raspberry Pi.

Installation de la caméra

Comme tout autre matériel complémentaire, le Camera Module ou la HQ Camera doivent être connectés au Raspberry Pi (ou déconnectés) uniquement lorsque l'appareil est hors tension et le câble d'alimentation débranché. Si ton Raspberry Pi est sous tension, sélectionne **Arrêter** dans le menu Raspberry Pi, attends qu'il s'éteigne puis débranche-le.

Dans la plupart des cas, la limande fournie est déjà connectée au Camera Module ou à la HQ Camera. Si ce n'est pas le cas, retourne ta carte caméra pour que le capteur soit placé vers le bas, et cherche un connecteur en plastique plat. Saisis du bout des doigts les bords qui dépassent et tire délicatement vers toi jusqu'à ce que le connecteur ressorte à moitié. Fais glisser la limande, avec les bords argentés vers le bas et le plastique bleu vers le haut, sous le rabat que tu viens de tirer, puis remets le rabat en place en le poussant doucement jusqu'au clic (**Figure 8-2**) ; tu peux utiliser n'importe quelle extrémité du câble. S'il est installé correctement, il reste droit et ne se détache pas lorsque l'on tire doucement dessus. S'il n'est pas correctement installé, tire de nouveau sur le rabat et réessaie.

Installe l'autre extrémité du câble de la même façon. Cherche le port de la caméra (ou CSI) sur le Raspberry Pi et soulève délicatement le rabat. Si ton

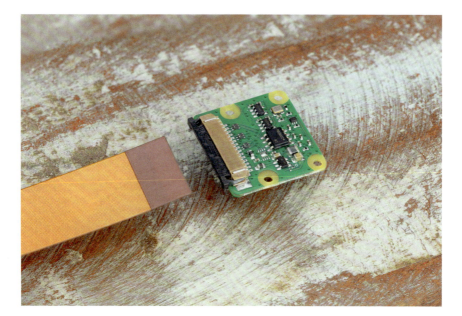

Figure 8-2   Connexion de la limande au Camera Module

Raspberry Pi est installé dans un boîtier, il sera peut-être plus simple pour toi de le retirer d'abord de son boîtier.

Avec le Raspberry Pi 5 positionné de manière à ce que le connecteur GPIO soit à droite et les ports HDMI à gauche, faites glisser le câble ruban de manière à ce que les bords argentés ou dorés soient face à vous et que le renfort en plastique soit du côté opposé (**Figure 8-3**). Remets ensuite doucement le rabat en place.

Pour Raspberry Pi 4 et les modèles antérieurs, le câble ruban doit être inversé, avec le renfort en plastique tourné vers vous et les bords argentés ou dorés du côté opposé. Si tu utilises un Raspberry Pi Zero 2 W ou un modèle Raspberry Pi Zero plus ancien, les bords argentés ou dorés doivent être orientés vers la table et le plastique vers le plafond. S'il est installé correctement, il reste droit et ne se détache pas lorsque l'on tire doucement dessus. S'il n'est pas correctement installé, tire de nouveau sur le rabat et réessaie.

Le Camera Module peut être livré avec un couvercle en plastique bleu pour protéger l'objectif des rayures pendant la fabrication, l'expédition et l'installation. Retire-le délicatement de l'objectif en soulevant la languette : la caméra est maintenant prête à l'emploi.

Remets le Raspberry Pi sous tension et charge Raspberry Pi OS.

Figure 8-3 Connexion de la limande au port caméra/CSI du Raspberry Pi

 RÉGLAGE DE LA MISE AU POINT

Toutes les versions du Camera Module 3 du Raspberry Pi comprennent un système de mise au point automatique motorisé, qui peut ajuster le point focal de l'objectif entre les objets rapprochés et plus éloignés. Le Camera Module 2 du Raspberry Pi utilise un objectif dont le réglage manuel de la mise au point est limité. Il est fourni avec un petit outil permettant de tourner l'objectif et de faire la mise au point.

Tester la caméra

Utilise les outils **raspistill** pour confirmer que ta caméra est correctement installée. ACeux-ci sont conçus pour capturer des images à partir de la caméra en utilisant l'*interface en ligne de commande (CLI)* du Raspberry Pi.

Contrairement aux programmes que tu as utilisés jusqu'à présent, tu ne trouveras pas les outils **raspistill** dans le menu. Clique sur l'icône Raspberry Pi pour charger le menu, sélectionne la catégorie **Accessoires** et clique sur **LX-Terminal**. Une fenêtre noire avec des inscriptions en vert et bleu s'affiche (**Figure 8-4**) : il s'agit du *terminal*, qui te permet d'accéder à l'interface en ligne de commande.

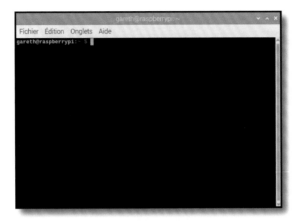

Figure 8-4 Ouvre une fenêtre de Terminal pour entrer des commandes

Pour capturer une image avec la caméra, saisis les informations suivantes dans le Terminal :

```
rpicam-still -o test.jpg
```

Lorsque que tu appuies sur la touche **ENTRÉE**, la caméra affiche sur l'écran ce qu'elle voit (**Figure 8-5**). Il s'agit d'un *aperçu en direct* qui restera visible pendant cinq secondes, sauf indication contraire de **raspistill**. Une fois ces cinq secondes écoulées, l'appareil photo prendra une seule photo et l'enregistrera dans ton dossier **Home** sous le nom **test.jpg**. Si tu souhaites en capturer une autre, saisis la commande une seconde fois, et n'oublie pas de modifier le nom du fichier de sortie, après le **-o**, pour ne pas écraser ta première photo !

Si l'aperçu en direct était à l'envers, tu dois signaler à **raspistill** que la caméra est retournée. Le Camera Module est conçu pour que la limande sorte par le bord inférieur. Si elle sort par les côtés ou par le haut, comme c'est le cas avec certains accessoires de montage de caméra tiers, tu peux faire pivoter l'image de 90, 180 ou 270 degrés en utilisant le commutateur **--rotation**. Pour une caméra dont le câble sort par le haut, il te suffit d'utiliser la commande suivante :

```
rpicam-still --rotation 180 -o test.jpg
```

Si la limande sort par le bord droit, utilise une valeur de rotation de 90 degrés ; si elle sort par le bord gauche, définis une valeur de 270 degrés. Si ta prise de vue originale se trouvait dans le mauvais angle, corrige l'angle à l'aide du commutateur **--rotation**.

Figure 8-5   L'aperçu en direct de la caméra

Pour visualiser ta photo, ouvre le **Gestionnaire de fichiers PCManFM** de la catégorie **Accessoires** du menu Raspberry Pi : l'image que tu as prise, appelée **test.jpg**, se trouve dans ton dossier **home/<username>**. Cherche-le dans la liste des fichiers, puis double-clique dessus pour le charger dans un visionneur d'images (**Figure 8-6**). Tu peux envoyer l'image par e-mail en tant que pièce jointe, la télécharger sur des sites web via le navigateur ou la glisser-déposer sur un périphérique de stockage externe.

Le Camera Module Raspberry Pi 3 permet d'ajuster le point focal de l'image à l'aide d'un système de mise au point automatique motorisé. Cette fonction est activée par défaut : lorsque tu prends une photo, le Camera Module ajuste automatiquement sa mise au point pour que l'image soit aussi nette que possible, grâce à ce que l'on appelle l'*autofocus continu*.

Comme son nom l'indique, l'autofocus continu ajuste constamment le point focal jusqu'au moment où la photo est prise. Si tu prends plusieurs photos ou si tu enregistres une vidéo, l'appareil continuera d'ajuster la mise au point pendant que tu travailles. Si un objet se déplace entre la caméra et le sujet, l'appareil ajuste automatiquement la mise au point.

Il existe d'autres modes autofocus que tu peux utiliser si l'autofocus continu ne donne pas les résultats que tu cherches. Pour en savoir plus, reporte-toi à la section *Paramètres avancés de la caméra*, que tu trouveras à la fin de ce chapitre.

Figure 8-6   Ouverture de la photo

Capture de vidéos

Ton Camera Module ne se limite pas à la capture d'images fixes : il peut également enregistrer des vidéos à l'aide d'un outil appelé *rpicam-vid*.

> ### C'EST LE MOMENT DE FAIRE DE LA PLACE !
>
> L'enregistrement de vidéos peut occuper beaucoup d'espace de stockage. Si tu prévois d'enregistrer beaucoup de vidéos, assure-toi d'avoir une carte microSD avec une grande capacité de stockage. Tu peux également investir dans une clé USB ou un autre dispositif de stockage externe.
>
> Par défaut, les outils rpicam enregistrent les fichiers dans le dossier à partir duquel ils sont lancés. Pense donc à changer de répertoire afin d'enregistrer sur le périphérique de stockage de ton choix. Tu peux en savoir plus sur le changement de répertoire dans le terminal dans le Annexe C, *L'interface en ligne de commande*.

Pour enregistrer une courte vidéo, tu peux saisir les éléments suivants dans le terminal :

```
rpicam-vid -t 10000 -o test.h264
```

Comme précédemment, la fenêtre de prévisualisation apparaît. Mais cette fois, au lieu d'effectuer un compte à rebours et de capturer une seule image fixe, la caméra enregistrera dix secondes de vidéo dans un fichier. Lorsque l'enregistrement est terminé, la fenêtre de prévisualisation se ferme automatiquement.

Si tu veux capturer une vidéo plus longue, remplace le chiffre après **-t** par la durée d'enregistrement souhaitée en millisecondes. Par exemple, pour effectuer un enregistrement de dix minutes, tu dois saisir :

```
rpicam-vid -t 600000 -o test2.h264
```

Pour lire ta vidéo, trouve-la dans le gestionnaire de fichiers et double-clique sur le fichier vidéo pour le charger dans le lecteur vidéo VLC (**Figure 8-7**). La vidéo s'ouvre et sa lecture commence, mais tu remarqueras peut-être que celle-ci n'est pas fluide. Il existe un moyen de remédier à ce problème : l'ajout d'informations temporelles à ton enregistrement.

La vidéo capturée par rpicam-vid se présente dans un format appelé *débit binaire*. Le fonctionnement d'un débit binaire est un peu différent de celui des fichiers vidéo auxquels tu es peut-être habitué. En général, les fichiers contiennent plusieurs parties : la vidéo, le son capturé en même temps que la vidéo, le timecode qui indique quand chaque image doit être affichée, ainsi que des informations supplémentaires appelées *métadonnées*. Un débit binaire est différent. Il n'inclut rien de tout cela : il s'agit uniquement de données vidéo.

Pour garantir la lecture de tes fichiers vidéo sur le plus grand nombre de plateformes logicielles possible, y compris sur les logiciels fonctionnant sur des ordinateurs autres que le Raspberry Pi, tu dois les traiter dans un *conteneur*. Pour ce faire, tu vas avoir besoin d'une information manquante : le timing des images.

Dans le terminal, enregistre une nouvelle vidéo, mais cette fois-ci, indique à rpicam-vid d'enregistrer les informations de synchronisation dans un fichier appelé **timestamps.txt** :

```
rpicam-vid -t 10000 --save-pts timestamps.txt -o test-time.h264
```

Lorsque tu ouvres le dossier vidéo dans le gestionnaire de fichiers, tu peux voir deux fichiers : le débit binaire vidéo, **test-time.h264**, et le fichier **timestamps.txt** (Figure 8-8).

Pour combiner ces deux fichiers en un seul conteneur adapté à la lecture sur d'autres appareils, utilise l'outil **mkvmerge**. Celui-ci prend la vidéo, la fusionne avec les horodatages et produit un fichier contenant la vidéo, connu sous le nom de *Fichier vidéo Matroska* ou *MKV*.

Figure 8-7 Ouverture de la vidéo capturée

Figure 8-8 Un fichier vidéo avec un fichier d'horodatage séparé

Dans la ligne de commande, tu peux saisir (le **** est un caractère spécial qui te permet de séparer la commande sur deux lignes) :

```
mkvmerge --timecodes 0:timestamps.txt test-time.h264 \
    -o test-time.mkv
```

Tu as maintenant un troisième fichier, test-time.mkv. Double-clique sur ce fichier dans le gestionnaire de fichiers pour le charger dans VLC, et tu verras que la vidéo que tu as enregistrée est lue sans saut ni perte d'images. Si tu souhaites transférer la vidéo sur un disque amovible pour la lire sur un autre ordinateur, tu n'as besoin que du fichier MKV et tu peux supprimer les fichiers H264 et TXT.

N'oublie pas d'enregistrer l'horodatage de ta vidéo si tu veux créer un fichier qui sera lu correctement sur le plus grand nombre d'ordinateurs possible. Il n'est pas facile de revenir en arrière et de créer l'horodatage après l'enregistrement !

Photographie en time-lapse

Il y a un autre procédé que ton Camera Module peut faire : *la photographie en accéléré*. Dans la photographie en accéléré, des images fixes sont prises à intervalles réguliers sur une période donnée, et ce afin de capturer des changements qui se produisent trop lentement pour être observés à l'œil nu. C'est un outil formidable pour observer les changements météorologiques au cours d'une journée, ou la croissance et l'épanouissement d'une fleur sur une période de plusieurs mois. Tu peux même utiliser un time-lapse pour créer tes propres animations en stop-motion !

Pour démarrer une session de photographie en accéléré, saisis les éléments suivants dans le terminal afin de créer un nouveau répertoire et d'y accéder. Cela permet de conserver tous les fichiers que tu captures en un seul endroit :

```
mkdir timelapse
cd timelapse
```

Tu peux ensuite commencer ta capture en saisissant :

```
rpicam-still --width 1920 --height 1080 -t 100000 \
    --timelapse 10000 -o %05d.jpg
```

Le nom du fichier de sortie est un peu différent cette fois-ci : **%05d** indique à rpicam-still d'utiliser des nombres, en commençant par 00000 et en comptant vers le haut, comme nom de fichier. Sans cela, il écraserait automatiquement les anciennes photos chaque fois qu'il en prendrait une nouvelle, et tu n'aurais alors qu'une seule photo pour attester de tes efforts.

Les paramètres **`--width`** et **`--height`** contrôlent la *résolution* des images capturées. Dans ce cas, les images ont une largeur de 1 920 pixels et une hauteur de 1 080 pixels, soit la même résolution qu'un fichier vidéo en Full HD.

Le paramètre **`-t`** fonctionne de la même manière qu'auparavant, c'est-à-dire qu'il déclenche un chronomètre pour la durée de fonctionnement de l'appareil. Dans cet exemple, le chronomètre indique 100 000 millisecondes (100 secondes).

Enfin, le paramètre **`--timelapse`** indique à rpicam-still le délai d'attente entre les images. Ici, il est fixé à 10 000 millisecondes (soit 10 secondes). Étant donné qu'aucune photo ne sera prise avant que les dix premières secondes ne se soient écoulées, tu devrais obtenir un total de neuf photos.

Laisse fonctionner rpicam-still pendant 100 secondes, puis ouvre le répertoire time-lapse qui se trouve dans ton gestionnaire de fichiers. Tu pourras alors voir neuf photos individuelles, chacune étiquetée avec un numéro commençant par 00000 (**Figure 8-9**).

Figure 8-9   Photos prises lors d'une session de time-lapse

Utilise l'outil **ffmpeg** pour combiner ces images afin d'en faire une animation. Tu peux saisir :

```
ffmpeg -r 0.5 -i %05d.jpg -r 15 animation.mp4
```

Cette commande indique à ffmpeg d'interpréter les images que tu as capturées comme s'il s'agissait d'une vidéo lue à une vitesse de 0,5 image par seconde, et de les utiliser pour produire une vidéo animée lue à 15 images par seconde.

Double-clique sur le fichier **animation.mp4** pour le lire dans VLC. Tu pourras voir apparaître l'une après l'autre toutes les photos que tu as prises (**Figure 8-10**).

Figure 8-10 Lecture d'une animation en time-lapse

Pour accélérer l'animation, essaie de faire passer la fréquence d'images en en-trée de 0,5 image par seconde à 1 image ou plus ; pour la ralentir, essaie de la réduire à 0,2 image ou moins.

Pourquoi ne pas essayer de réaliser ta propre vidéo en stop-motion ? Place les objets de ton choix devant la caméra et commence une session de time-lapse, puis place-les dans de nouvelles positions juste après la prise de chaque nouvelle photo. N'oublie pas de sortir tes mains du champ de vision avant chaque photo !

Paramètres avancés de la caméra

Les logiciels rpicam-still et rpicam-vid prennent en charge une série de para-mètres avancés, te permettant de contrôler plus finement des paramètres tels que la résolution, c'est-à-dire la taille de l'image ou de la vidéo que tu cap-tures. Les images et les vidéos à haute résolution sont de meilleure qualité, mais occupent un espace de stockage plus important, fais-y attention lorsque tu fais des expérimentations !

rpicam-still et rpicam-vid

Les paramètres ci-dessous peuvent être utilisés à la fois avec rpicam-still et rpicam-vid en les ajoutant à la commande que tu saisis dans le terminal.

`--autofocus-mode`

Ce paramètre configure le système d'autofocus sur le Camera Module 3 du Raspberry Pi. Les options possibles sont les suivantes : `continuous`, le mode par défaut ; `manual`, qui désactive complètement l'autofocus ; et `auto`, qui effectue une seule opération d'autofocus lors du premier démarrage de la caméra. Ce paramètre n'a aucun effet sur les autres versions du Camera Module.

`--autofocus-range`

Ce paramètre définit le champ du système autofocus pour le Camera Module Raspberry Pi 3. Si tu remarques que le système autofocus a du mal à se concentrer sur ton sujet, tu peux modifier le champ ici. Les options possibles sont : `normal`, le réglage par défaut ; `macro`, qui place la focale avant tout sur les objets rapprochés ; et `full`, qui peut faire la mise au point aussi bien de très près que jusqu'à l'horizon.

`--lens-position`

Ce paramètre contrôle manuellement le point de focale de l'objectif, à utiliser avec le paramètre `--autofocus-mode manual`. Cela te permet de régler les paramètres de mise au point de l'objectif en utilisant une unité appelée *dioptrie*, qui est égale à un divisé par la distance du point de focale en mètres. Pour régler la mise au point sur 0,5 m (soit 50 cm) par exemple, utilise `--lens-position 2` ; pour régler la mise au point sur 10 m, utilise `--lens-position 0.1`. Une valeur de 0,0 représente un point focal infini, c'est-à-dire le point le plus éloigné sur lequel l'appareil photo peut faire la mise au point.

`--width --height`

Ce paramètre règle la résolution de l'image ou de la vidéo. Pour capturer une vidéo Full HD (1 920 × 1 080), par exemple, utilise les paramètres suivants avec rpicam-vid :

```
-t 10000 --width 1920 --height 1080 -o bigtest.h264
```

`--rotation`

Tu peux faire pivoter l'image de 0 degré, c'est-à-dire la valeur par défaut, ou bien de 90, 180 et 270 degrés. Si ta caméra est montée de sorte que la limande ne sort pas par le bas, ce paramètre te permettra de capturer des images et des vidéos dans le bon sens.

--hflip --vflip

Ce paramètre retourne l'image ou la vidéo horizontalement (comme un miroir), et/ou verticalement.

--sharpness

Ce paramètre permet de rendre la photo ou la vidéo capturée plus nette en appliquant un filtre de netteté à l'image. Les valeurs supérieures à 1,0 accentuent le niveau de netteté au-delà de la valeur définie par défaut, tandis que les valeurs inférieures à 1,0 la réduisent.

--contrast

Ce paramètre augmente ou diminue le contraste de l'image ou de la vidéo capturée. Les valeurs supérieures à 1,0 augmentent le contraste par rapport à la valeur par défaut. Les valeurs inférieures à 1,0 diminuent ce contraste.

--brightness

Ce paramètre augmente ou diminue la luminosité de l'image ou de la vidéo. En diminuant cette valeur par rapport à la valeur par défaut de 0,0, l'image devient plus sombre jusqu'à atteindre la valeur minimale de -1,0, qui correspond à une image complètement noire. En augmentant cette valeur, l'image s'éclaircit jusqu'à atteindre la valeur maximale de 1,0, qui correspond à une image totalement blanche.

--saturation

Ce paramètre augmente ou diminue le niveau de saturation des couleurs de l'image ou de la vidéo. En diminuant cette valeur par rapport à la valeur par défaut de 1,0, les couleurs perdent de leur intensité, jusqu'à atteindre la valeur minimale de 0,0, qui correspond à une image entièrement en niveaux de gris, sans aucune couleur. À l'inverse, les valeurs supérieures à 1,0 rendent les couleurs plus éclatantes.

--ev

Ce paramètre définit une valeur de compensation d'exposition, de -10 à 10, qui contrôle le fonctionnement du contrôle de gain de la caméra. En général, la valeur par défaut de 0 offre les meilleurs résultats. Si ta caméra enregistre des images trop sombres, tu peux augmenter la valeur ; si elles sont trop claires, tu peux diminuer cette valeur.

--metering

Ce paramètre définit le mode de mesure pour les contrôles automatiques d'exposition et de gain. La valeur par défaut, **centre**, offre généralement les meilleurs résultats ; tu peux la remplacer par **spot** ou **average** si tu préfères.

--exposure

Ce paramètre bascule entre le mode d'exposition par défaut, **nor-mal**, et un mode d'exposition **sport** conçu pour les sujets qui se dé-placent rapidement.

--awb

Ce paramètre permet de modifier l'algorithme de la balance automa-tique des blancs, du mode automatique par défaut à : **incandescent**, **tungsten**, **fluorescent**, **indoor**, **daylight**, ou **cloudy**.

rpicam-still

Les options suivantes sont disponibles dans rpicam-still :

-q

Ce paramètre définit la qualité de l'image JPEG capturée, sur une échelle allant de 0 à 100. 0 correspond à la qualité minimale et à la taille de fi-chier la plus petite et 100 à la qualité maximale et à la taille de fichier la plus volumineuse. La qualité par défaut est de 93.

--datetime

Ce paramètre utilise la date et l'heure actuelles (au format mois à deux chiffres, jour à deux chiffres, minutes, heures, puis secondes) en guise de nom de fichier de sortie. À utiliser au lieu de **-o**.

--timestamp

Similaire à **--datetime**, mais ce paramètre détermine le nom du fichier de sortie en fonction du nombre de secondes écoulées depuis le début de l'année 1970, connu sous le nom de *époque UNIX*.

-k

Ce paramètre capture une image fixe lorsque tu appuies sur la touche Entrée, au lieu de la capturer automatiquement après un délai. Si tu souhaites annuler une capture, saisis **x**, suivi de **ENTRÉE**. Le fonction-nement de ce paramètre est optimal lorsque le délai d'attente, **-t**, est fixé à 0. rpicam-vid dispose d'un paramètre **-k** similaire, mais il fonc-tionne un peu différemment et utilise la touche Entrée pour basculer entre l'enregistrement et la pause, en commençant d'abord par le mode enregistrement. Lorsque tu as terminé, saisis **x**, suivi de **ENTRÉE** pour quitter.

POUR ALLER PLUS LOIN

Ce chapitre liste les paramètres les plus couramment utilisés dans les applications rpicam, mais il en existe beaucoup d'autres. Une présentation technique complète de rpicam, y compris de ses différences avec les anciennes applications raspivid et ras-pistill, est disponible dans **rptl.io/camera-software.**

Chapitre 9

Raspberry Pi Pico et Pico W

Les Raspberry Pi Pico et Pico W apportent une toute nouvelle dimension à tes projets d'informatique physique.

Les Raspberry Pi Pico et Pico W sont des *cartes de développement à microcontrôleurs*. Ils sont conçus pour expérimenter l'informatique physique à l'aide d'un type de processeur particulier : un *microcontrôleur*. De la taille d'une tablette de chewing-gum, Raspberry Pi Pico et Pico W font preuve d'une puissance étonnante grâce à la puce qui se trouve au centre de la carte : un microcontrôleur RP2040.

Le rôle de Raspberry Pi Pico et Pico W n'est pas de remplacer Raspberry Pi, qui est un appareil d'une catégorie différente, connu sous le nom d'ordinateur monocarte. Tu peux utiliser le Raspberry Pi pour jouer à des jeux, écrire des logiciels ou naviguer sur le Web, comme tu l'as vu précédemment dans ce guide. Le Raspberry Pi Pico est conçu pour les projets d'informatique physique, où il est utilisé pour contrôler différents éléments : des LED, des boutons, des capteurs, des moteurs et même d'autres microcontrôleurs.

Tu peux également faire de l' de informatique physique avec ton Raspberry Pi, grâce au contrôleur d'entrée/sortie à usage général (GPIO), mais l'utilisation d' une carte de développement pour microcontrôleur plutôt que d'un ordinateur monocarte présente des avantages. Le Raspberry Pi Pico est plus petit, moins cher et offre des fonctionnalités spécifiques à l'informatique physique, comme des chronomètres de haute précision et des systèmes d'entrée/sortie programmables.

Ce chapitre n'a pas pour but d'être un guide exhaustif de tout ce que tu peux faire avec le Raspberry Pi Pico et le Pico W, et tu n'as pas besoin d'acheter un Pico pour tirer le meilleur parti de ton Raspberry Pi. Si tu possèdes déjà un

Raspberry Pi Pico ou Pico W, ou si tu souhaites simplement en savoir plus, ce chapitre te servira d'introduction à leurs principales fonctionnalités.

Pour un tour d'horizon complet des fonctionnalités du Raspberry Pi Pico et du Pico W, procure-toi le guide *Get Started with MicroPython on Raspberry Pi Pico*.

Présentation détaillée de Raspberry Pi Pico

Le Raspberry Pi Pico (ou Pico, pour faire court) est beaucoup plus petit que le Raspberry Pi Zero, le plus compact des ordinateurs monocarte de la famille Raspberry Pi. Il comprend néanmoins de nombreuses fonctionnalités, auxquelles tu peux accéder via des pastilles de connexion situées autour du bord de la carte. Il est disponible en deux versions, Raspberry Pi Pico et Raspberry Pi Pico W ; tu verras la différence entre les deux plus loin.

La **Figure 9-1** montre ton Raspberry Pi Pico vu du dessus. Si tu regardes les bords les plus longs, tu verras des sections dorées avec de petits trous. Il s'agit des pastilles de connexion qui relient le microcontrôleur RP2040 au monde extérieur, connues sous le nom d'entrée/sortie (ES).

Figure 9-1   Le haut de la carte

Les broches de ton Pico sont très similaires aux broches du connecteur d'entrée/sortie à usage général (GPIO) de ton Raspberry Pi, mais alors que la plupart des ordinateurs monocarte Raspberry Pi sont livrés avec les broches métalliques déjà soudés, ce n'est pas le cas de ton Pico ou Pico W.

Si tu souhaites acheter un Pico avec des connecteurs montés, recherche plutôt Raspberry Pi Pico H et Pico WH. Nous avons une bonne raison de proposer des modèles sans connecteurs : observe le bord extérieur de la carte de circuit imprimé et tu verras qu'il est bosselé, et présente de petites découpes circulaires (**Figure 9-2**).

Ces découpes créent ce que l'on appelle un *circuit imprimé à trous crénelés*, qui peut être soudé sur d'autres circuits imprimés sans utiliser de broches métalliques. Il est très utile dans les constructions où la hauteur doit être réduite au minimum, ce qui permet d'obtenir un projet fini plus petit. Si tu achètes un gadget disponible dans le commerce propulsé par un Raspberry Pi Pico ou Pico W, il sera très certainement équipé de circuits crénelés.

Les trous situés juste à côté des découpes sont destinés à accueillir les broches des barrettes mâles au pas de 2,54 mm. Tu les reconnaîtras car il s'agit du même type de broches que celles utilisées sur le connecteur GPIO du Raspberry Pi. En soudant des barrettes que tu orientes vers le bas, tu peux insérer ton Pico dans une *platine d'expérimentation sans soudure* pour faciliter au maximum la connexion et la déconnexion de nouveaux matériels, ce qui est idéal pour expérimenter et mettre rapidement au point des prototypes !

La puce qui se trouve au centre de ton Pico (**Figure 9-3**) est un microcontrôleur RP2040. Il s'agit d'un *circuit intégré personnalisé* (IC), conçu et réalisé par Raspberry Pi pour fonctionner comme le cerveau de ton Pico et d'autres appareils à base d'un microcontrôleur. En le regardant de plus près, tu peux voir le logo Raspberry Pi gravé sur le dessus de la puce, ainsi qu'une série de lettres et de chiffres qui indiquent aux ingénieurs la date et le lieu de fabrication de la puce.

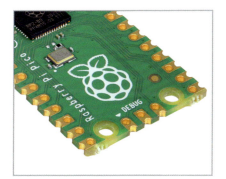
Figure 9-2
Crénelages

Figure 9-3
Puce RP2040

Un *port micro-USB* (**Figure 9-4**) se trouve sur le dessus de ton Pico. Il fournit l'énergie nécessaire au fonctionnement de ton Pico, et envoie et reçoit les données qui permettent à ton Pico de communiquer avec un Raspberry Pi ou un autre ordinateur par l'intermédiaire de son port USB. Tu pourras ainsi charger des programmes sur ton Pico.

Si tu soulèves ton Pico et que tu observes le port micro-USB de face, tu peux voir que sa forme est plus étroite en bas et plus large en haut. Tu pourras remarquer, en le comparant avec un câble micro-USB, que son connecteur est identique.

Le câble micro-USB s'insère dans le port micro-USB de ton Pico dans un seul sens. Au moment de la connexion, veille à ce que les côtés étroit et large soient bien orientés sinon tu risques d'endommager ton Pico en tentant d'insérer de force le câble micro-USB !

Juste en dessous du port micro-USB se trouve un petit bouton marqué BOOT-SEL (**Figure 9-5**). BOOTSEL est une abréviation de *boot selection*, ou sélection de lancement, qui fait passer ton Pico d'un mode de démarrage à un autre lors de sa première utilisation. Tu utiliseras le bouton de sélection de lancement plus tard, lorsque tu prépareras ton Pico pour la programmation.

Figure 9-4
Port micro-USB

Figure 9-5
Commutateur de mode de démarrage

Au bas de ton Pico se trouvent trois petites pastilles dorées surmontées du mot DEBUG (**Figure 9-6**). Elles sont conçues à des fins de *débogage*, ou détection des erreurs, dans les programmes exécutés sur le Pico, à l'aide d'un outil spécial appelé *débogueur*. Tu n'as pas besoin d'utiliser le connecteur de débogage au début, mais tu le trouveras peut-être utile lorsque tu écriras des programmes plus importants et plus compliqués. Sur certains modèles Raspberry Pi Pico, les pastilles sont remplacées par un petit connecteur à trois broches.

Retourne ton Pico et tu verras qu'il porte des inscriptions sur sa partie inférieure (**Figure 9-7**). Il s'agit d'une *couche sérigraphique*, qui étiquette chacune des broches en indiquant sa fonction principale. Tu peux voir des sigles tels que GP0 et GP1, GND, RUN et 3V3. Si jamais tu oublies quelle broche correspond à quelle fonction, tu peux t'aider des étiquettes. Tu ne pourras cependant pas les voir lorsque le Pico sera inséré dans une platine, donc nous avons inclus les diagrammes de brochage dans ce manuel pour te faciliter la tâche.

Tu as peut-être remarqué que les étiquettes ne sont pas nécessairement alignées avec leurs broches : les trous situés en haut et en bas de la carte sont des trous de fixation, conçus pour fixer ton Pico à tes projets de manière plus permanente à l'aide de vis ou de boulons. Lorsque les trous gênent l'étiquetage, les étiquettes sont repoussées vers le haut ou vers le bas de la carte : en

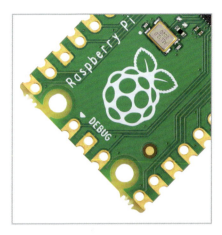

Figure 9-6
Pastilles de débogage

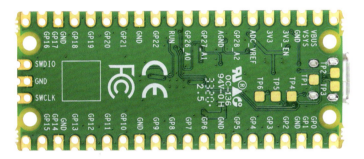

Figure 9-7   Dessous sérigraphié de la carte

regardant en haut à droite, « VBUS » est la première broche à droite, « VSYS » la deuxième et « GND » la troisième.

Tu peux également voir des pastilles en or étiquetées du symbole TP et identi-fiées par un numéro. Il s'agit de points de test qui sont conçus pour permettre aux ingénieurs de vérifier rapidement le bon fonctionnement d'un Raspber-ry Pi Pico après son assemblage en usine. Tu n'auras pas à les utiliser. Selon le point de test, l'ingénieur peut utiliser un instrument appelé multimètre ou un oscilloscope pour vérifier que ton Pico fonctionne correctement avant de l'emballer et de te l'expédier.

Si tu as un Raspberry Pi Pico W ou Pico WH, tu trouveras un autre élément sur la carte, à savoir, un rectangle métallique argenté (**Figure 9-8**). Il s'agit du cou-vercle un module sans fil, comme celui des Raspberry Pi 4 et Raspberry Pi 5, qui peut être utilisé pour connecter ton Pico à un réseau Wi-Fi ou à des appareils Bluetooth. Il est connecté à une petite antenne qui se trouve tout en bas de la carte : c'est pourquoi tu trouveras les plaquettes de pastilles ou le connecteur plus près du milieu de la carte sur les Raspberry Pi Pico W et Pico WH.

Figure 9-8   Le module sans fil du Raspberry Pi Pico W et son antenne

Broches de connecteur

Lorsque tu déballes ton Raspberry Pi Pico ou Pico W, tu peux remarquer qu'il est complètement plat. Il n'y a pas de broches métalliques qui dépassent sur les côtés, comme on peut en trouver sur le connecteur GPIO de ton Raspberry Pi ou sur les Raspberry Pico H et Pico WH. Tu peux utiliser les crénelages pour attacher ton Pico à un autre circuit imprimé, ou pour souder directement des fils dans le cadre d'un projet où ton Pico sera fixé de manière permanente.

Pour utiliser ton Pico, cependant, le moyen le plus simple consiste à le connecter sur une platine, et pour ce faire, tu auras besoin de fixer des barrettes de broches. L'installation de broches sur le Raspberry Pi Pico nécessite un fer à souder, qui chauffe les broches et les pastilles afin qu'elles puissent être connectées à l'aide d'un alliage de métal tendre appelé *fil de soudure*.

Pour les projets introduits dans ce chapitre, tu n'auras pas besoin de connecter des broches à ton Pico. Si tu souhaites construire des projets plus compliqués, tu peux découvrir comment souder les broches en toute sécurité dans le chapitre 1 de *Get Started with MicroPython on Raspberry Pi Pico*. Tu peux également vérifier si ton revendeur Raspberry Pi préféré propose une version du Raspberry Pi Pico avec les broches du connecteur déjà soudées. Ces modèles sont connus sous le nom de Raspberry Pi Pico H et Raspberry Pi Pico WH, respectivement pour les versions standard et Wi-Fi.

Installation de MicroPython

Comme pour ton Raspberry Pi, tu peux programmer le Raspberry Pi Pico en Python. Cependant, comme il s'agit d'un microcontrôleur plutôt que d'un ordinateur monocarte, ce dernier a besoin d'une version spéciale connue sous le nom de *MicroPython*.

MicroPython fonctionne comme le Python normal, et tu peux utiliser le même IDE Thonny que pour la programmation du Raspberry Pi. Cependant, certaines fonctionnalités de Python classique sont absentes de MicroPython, et d'autres fonctionnalités ont été ajoutées, comme des bibliothèques spéciales pour les microcontrôleurs et leurs périphériques.

Avant de pouvoir programmer ton Pico en MicroPython, tu vas devoir télécharger et installer le *micrologiciel*. Commence par brancher un câble micro-USB dans le port micro-USB de ton Pico, en t'assurant qu'il est dans le bon sens avant de l'enfoncer doucement.

ATTENTION

Pour installer MicroPython sur ton Pico, tu dois le télécharger depuis Internet. Tu n'auras besoin de le faire qu'une seule fois : une fois MicroPython installé, il restera sur ton Pico à moins que tu ne décides de le remplacer par autre chose à l'avenir.

Maintiens enfoncé le bouton « **BOOTSEL** » sur le dessus de ton Pico. Ensuite, tout en le maintenant enfoncé, connecte l'autre extrémité du câble micro-USB à l'un des ports USB de ton Raspberry Pi ou d'un autre ordinateur. Compte jusqu'à trois, puis relâche le bouton.

REMARQUE

Sur macOS, il se peut que l'on te demande si tu souhaites « **Autoriser la connexion de l'accessoire ?** » lorsque tu branches le Pico sur ton ordinateur. Tu dois cliquer sur **Autoriser**. Après avoir installé MicroPython sur ton Pico, macOS peut te poser la question une seconde fois, car il s'agit maintenant d'un périphérique différent.

Après quelques secondes, tu devrais voir ton Pico s'afficher comme un périphérique amovible, comme une clé USB ou un disque dur externe. Ton Raspberry Pi affichera une fenêtre contextuelle te demandant si tu souhaites ouvrir le lecteur dans le gestionnaire de fichiers. Vérifie bien que **Ouvrir dans le gestionnaire de fichiers** est sélectionné et clique sur **Valider**.

Dans la fenêtre du gestionnaire de fichiers, ton Pico affiche deux fichiers (**Figure 9-9**) : **INDEX.HTM** et **INFO_UF2.TXT**. Le second fichier contient des informations sur ton Pico, telles que la version du logiciel de démarrage en cours d'exécution. Le premier fichier, **INDEX.HTM**, est un lien renvoyant vers le site web du Raspberry Pi Pico. Double-clique sur ce fichier ou ouvre ton navigateur web et saisis **rptl.io/microcontroller-docs** dans la barre d'adresse.

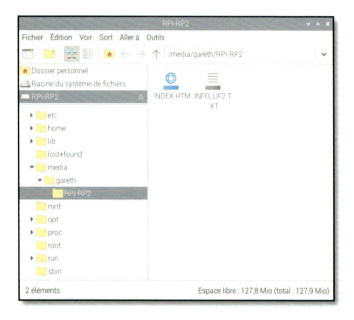

Figure 9-9   Tu peux voir deux fichiers sur ton Raspberry Pi Pico

Lorsque la page web s'ouvre, tu vois des informations sur le microcontrôleur Raspberry Pi et les cartes de développement, y compris Raspberry Pi Pico et Pico W. Clique sur la case MicroPython pour accéder à la page de téléchargement du micrologiciel. Fais défiler la page jusqu'à la section intitulée **Drag-and-Drop MicroPython**, comme indiqué dans la **Figure 9-10**, et trouve le lien pour la version de MicroPython correspondant à ta carte. Il y en a un pour Raspberry Pi Pico ct Pico H, et un autre pour Raspberry Pi Pico W et Pico WH. Clique sur le lien pour télécharger le fichier UF2 approprié. Si tu télécharges accidentellement le mauvais fichier, pas de panique ; tu peux revenir sur la page à tout moment et enregistrer un nouveau micrologiciel sur ton appareil en suivant le même procédé.

Ouvre une nouvelle fenêtre du gestionnaire de fichiers, accède à ton dossier **Downloads** et trouve le fichier que tu viens de télécharger. Il porte le nom de « **rp2-pico** » ou « **rp2-pico-w** », suivi d'une date, d'un texte et de chiffres utilisés pour distinguer les différentes versions du micrologiciel, ainsi que de l'extension « **uf2** ».

Figure 9-10   Clique sur le lien pour télécharger le micrologiciel MicroPython

Clique et maintiens enfoncé le bouton de la souris sur le fichier UF2, puis fais-le glisser vers l'autre fenêtre du gestionnaire de fichiers qui affiche le disque de stockage amovible de ton Pico. Fais passer le curseur sur la fenêtre et relâche le bouton de la souris pour déposer le fichier sur ton Pico, comme dans la **Figure 9-11**.

Après quelques secondes, tu verras la fenêtre du disque de ton Pico disparaître du **Gestionnaire de fichiers PCManFM**, **Explorer** ou du **Finder**, et un avertissement pourrait s'afficher indiquant qu'un disque a été retiré sans être éjecté. Rassures-toi, c'est complètement normal ! En ayant fait glisser le fichier du micrologiciel MicroPython sur ton Pico, tu lui as demandé de transférer instantanément le micrologiciel sur sa mémoire interne. Pour ce faire, ton Pico sort du mode spécial que tu avais sélectionné à l'aide du bouton BOOTSEL, transfère le nouveau micrologiciel, puis le charge, ce qui signifie que ton Pico exécute maintenant MicroPython.

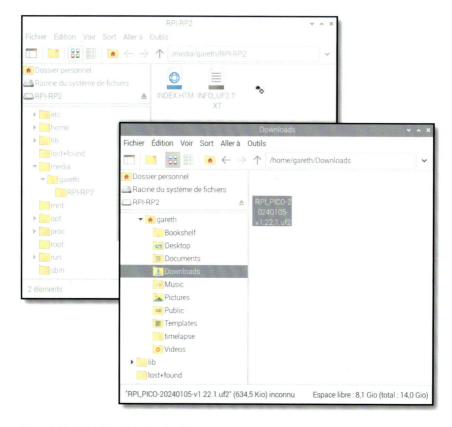

Figure 9-11   Fais glisser le fichier du microprogramme MicroPython vers ton Raspberry Pi Pico

Félicitations : tu es maintenant prêt à te lancer avec MicroPython sur ton Raspberry Pi Pico !

LECTURE COMPLÉMENTAIRE

La page web liée à **INDEX.HTM** n'est pas seulement un endroit où l'on peut télécharger MicroPython. Elle héberge également de nombreuses autres ressources. Clique sur les onglets et fais défiler pour accéder aux guides, aux projets et au *databook*, une bibliothèque de documentation technique détaillée qui englobe tout, du fonctionnement interne du microcontrôleur RP2040 qui équipe ton Pico à la programmation en Python et C/C++.

Les broches de ton Pico

Ton Pico communique avec le matériel par le biais d'une série de broches situées le long de ses deux bords. La plupart d'entre elles fonctionnent comme des broches d'entrée/sortie programmables (PIO), ce qui signifie qu'elles peuvent être programmées pour agir comme une entrée ou une sortie, et qu'elles n'ont pas d'objectif propre prédéfini tant que tu ne leur en attribue pas un. Certaines broches remplissent des fonctions supplémentaires et disposent de modes alternatifs pour communiquer avec du matériel plus complexe ; d'autres ont un rôle spécifique, fournissant des connexions par exemple pour l'alimentation.

Les 40 broches du Raspberry Pi Pico sont étiquetées sur la face inférieure de la carte, et trois autres sont également étiquetées avec leur numéro sur le dessus de la carte : la broche 1, la broche 2 et la broche 39. Ces étiquettes sur la partie supérieure t'aident à te souvenir de la logique de la numérotation : la broche 1 se trouve en haut à gauche lorsque tu regardes la carte du dessus, avec le port micro USB sur le côté supérieur ; la broche 20 est située en bas à gauche, la broche 21 en bas à droite et la broche 39 dans la partie supérieure droite, la broche 40 non étiquetée se trouvant juste au-dessus. L'étiquetage sur la face inférieure est plus complet, mais tu ne pourras pas le voir lorsque ton Pico sera branché sur une platine !

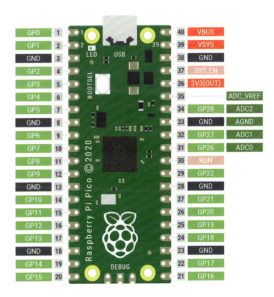

Figure 9-12   Les broches du Raspberry Pi Pico, vues depuis le dessus de la carte

Sur le Raspberry Pi Pico, les broches sont généralement désignées par leur fonction (voir **Figure 9-12**) plutôt que par un numéro. Il existe plusieurs catégories de types de broches, chacune ayant une fonction particulière :

▸ **3V3** - *Alimentation 3,3 volts* - Une source d'alimentation 3,3 V générée à partir de l'entrée VSYS. Cette alimentation peut être activée et désactivée à l'aide de la broche 3V3_EN située au-dessus, qui éteint également ton Pico.

▸ **VSYS** - *Alimentation ~2-5 volts* - Une broche directement connectée à l'alimentation interne de ton Pico, qui ne peut être désactivée sans éteindre également le Pico.

▸ **VBUS** - *Alimentation 5 volts* - Une source d'énergie de 5 V alimentée par le port micro-USB de ton Pico et utilisée pour alimenter le matériel nécessitant plus de 3,3 V.

▸ **GND** - *Masse 0 volt* - Une prise de masse, utilisée pour compléter un circuit relié à une source d'énergie. Plusieurs broches GND sont réparties sur l'ensemble de ton Pico pour faciliter le câblage.

▸ **Gpxx** - *Numéro de broche d'entrée/sortie à usage général « XX »* - Il s'agit des broches GPIO disponibles pour ton programme, étiquetées de « GP0 » à « GP28 ».

▸ **GPxx_ADCx** - *Numéro de broche d'entrée/sortie à usage général « XX »* - Une broche GPIO qui se termine par « ADC » suivi d'un chiffre peut être utilisée comme une entrée analogique ainsi qu'une entrée ou une sortie numérique, mais pas les deux en même temps.

▸ **ADC_VREF** - *Référence de tension du convertisseur analogique-numérique (CAN)* - Une broche d'entrée spéciale qui définit une tension de référence pour toutes les entrées analogiques.

▸ **AGND** - *Convertisseur analogique-numérique (CAN) 0 volt masse* - Une connexion de masse spéciale à utiliser avec la broche ADC_VREF.

▸ **RUN** - *Active ou désactive ton Pico* - Le connecteur RUN est utilisé pour démarrer et arrêter ton Pico depuis un autre microcontrôleur.

Connecter Thonny à Pico

Commence par charger Thonny : clique sur le menu Raspberry Pi en haut à gauche de ton écran, déplace la souris jusqu'à la section **Programmation** et clique sur **Thonny**.

Lorsque ton Pico est connecté à ton Raspberry Pi, clique sur les mots **Python 3 local** en bas à droite de la fenêtre de Thonny. Elle montre ton interpréteur actuel, qui se charge de collecter les instructions que tu saisis et de les transformer en code que l'ordinateur, ou microcontrôleur, peut comprendre et exécuter. Normalement, l'interpréteur est la copie de Python exécutée sur Raspberry Pi, mais il doit être modifié afin d'exécuter tes programmes en MicroPython sur ton Pico.

Dans la liste qui s'affiche, cherche « MicroPython (Raspberry Pi Pico) » (**Figure 9-13**) et clique dessus. Si tu ne le vois pas dans la liste, vérifie que ton Pico est correctement branché au câble micro-USB et que le câble micro-USB est correctement branché à ton Raspberry Pi ou à un autre ordinateur.

Figure 9-13   Choix d'un interpréteur Python

LES PROS DE PYTHON

Ce chapitre part du principe que tu es déjà familier de l'IDE Thonny et de l'écriture de programmes en Python simples. Si tu ne l'as pas encore fait, travaille sur les projets détaillés dans le Chapitre 5, *Programmation avec Python* avant de poursuivre ce chapitre.

CHANGEMENT D'INTERPRÉTEUR

Le choix de l'interpréteur détermine où et comment ton programme sera exécuté : lorsque tu choisis **MicroPython (Raspberry Pi Pico)**, les programmes s'exécuteront sur ton Pico ; opter pour **Python 3 local** signifie que les programmes s'exécuteront sur ton Raspberry Pi.

Si tu remarques que les programmes ne s'exécutent pas là où tu le voulais, vérifie l'interpréteur que Thonny est censé utiliser !

Ton tout premier programme MicroPython : Bonjour tout le monde !

Tu peux vérifier que tout fonctionne de la même manière que tu as appris à écrire des programmes Python sur Raspberry Pi : c'est-à-dire en écrivant un simple programme « Bonjour tout le monde ! ». Pour commencer, clique sur la zone du Shell Python au bas de la fenêtre Thonny, juste à droite des symboles « >>> » et saisis l'instruction suivante avant d'appuyer sur la touche **ENTRÉE**.

```
print("Bonjour tout le monde !")
```

Lorsque tu appuies sur **ENTRÉE**, tu peux voir que ton programme commence à fonctionner instantanément. Python te répondra, dans la même zone du Shell, avec le message « **Bonjour tout le monde !** » (**Figure** 9-14), comme tu l'as demandé. C'est parce que le Shell constitue une ligne directe avec l'interpréteur Python s'exécutant sur ton Pico, dont le rôle consiste à examiner tes instructions et à interpréter leur signification. Ce mode interactif fonctionne de la même manière que lorsque tu programmes ton Raspberry Pi : les instructions écrites dans la zone du Shell sont exécutées immédiatement, sans délai. La seule différence est qu'elles sont envoyées à ton Pico pour être exécutées, et que tout résultat - dans ce cas, le message « Bonjour tout le monde ! » - est renvoyé au Raspberry Pi pour être affiché.

Figure 9-14   MicroPython affiche le message « Bonjour tout le monde ! » dans la zone du Shell

Il n'est pas nécessaire de programmer ton Pico (ou ton Raspberry Pi) en mode interactif. Clique sur la zone de script située au centre de la fenêtre de Thonny, puis saisis une nouvelle fois ton code :

```
print("Bonjour tout le monde !")
```

Lorsque tu appuies sur la touche **ENTRÉE**, cette fois-ci, il ne se passe rien, sauf l'apparition d'une ligne en blanc dans la zone de script. Pour que cette version de ton programme fonctionne, tu vas devoir cliquer sur l'icône **Exé-cuter**  dans la barre d'outils de Thonny.

Même s'il s'agit d'un programme simple, tu dois prendre l'habitude de sauve-garder ton travail. Avant d'exécuter ton programme, clique sur l'icône **Enre-gistrer** 🖫. Tu vas devoir décider si tu souhaites enregistrer ton programme sur « **Cet ordinateur** », c'est-à-dire ton Raspberry Pi ou tout autre ordinateur sur lequel tu exécutes Thonny, ou bien sur « **Raspberry Pi Pico** » (**Figure 9-15**). Clique sur **Raspberry Pi Pico**, puis saisis un nom descriptif comme **Bonjour Tout le Monde.py** et confirme en cliquant sur le bouton OK.

Figure 9-15   Sauvegarder un programme sur Pico

Clique maintenant sur l'icône **Exécuter** ▶. Le programme s'exécutera auto-matiquement sur ton Pico. Tu verras deux messages s'afficher dans la zone du Shell au bas de la fenêtre Thonny :

```
>>> %Run -c $EDITOR_CONTENT
Bonjour tout le monde !
```

La première de ces lignes est une instruction de Thonny indiquant à l'in-terpréteur MicroPython de ton Pico d'exécuter le code qui se trouve dans la zone de script, à savoir « EDITOR_CONTENT ». La seconde est la sortie du programme, c'est-à-dire le message que tu as demandé à MicroPython d'af-ficher. Félicitations : tu as maintenant écrit deux programmes MicroPython, en mode interactif et en mode script, et tu les as exécutés avec succès sur ton Pico !

Il ne te reste à présent qu'une seule étape : charger à nouveau ton programme. Ferme Thonny en appuyant sur le X situé en haut à droite de la fenêtre sous Windows ou Linux (utilise le bouton de fermeture en haut à gauche de la fe-nêtre sous macOS), puis relance Thonny. Cette fois, au lieu d'écrire un nou-veau programme, clique sur l'icône **Charger** 🖫 dans la barre d'outils Thonny. Il te sera demandé si tu souhaites l'enregistrer à nouveau sur « **Cet ordina-**

teur » ou sur ton « **Raspberry Pi Pico** ». Clique sur **Raspberry Pi Pico** pour afficher une liste de tous les programmes que tu as enregistrés sur ton Pico.

? UN PICO PLEIN DE PROGRAMMES

Lorsque tu demandes à Thonny d'enregistrer ton programme sur le Raspberry Pi Pico, cela signifie que les programmes sont stockés sur le Pico lui-même. Si tu débranches ton Pico et que tu le branches sur un autre ordinateur, tes programmes seront toujours là où tu les as enregistrés, à savoir sur ton propre Pico.

Trouve **Bonjour_Tout_le_Monde.py** dans la liste ; si ton Pico est récent, ce sera le seul fichier présent. Clique pour le sélectionner, puis clique sur OK. Ton programme sera chargé dans Thonny, prêt à être modifié ou exécuté à nouveau.

? DÉFI : NOUVEAU MESSAGE

Peux-tu modifier le message que le programme Python affiche en sortie ? Si tu voulais ajouter des messages, utiliserais-tu le mode interactif ou le mode script ? Que se passe-t-il si tu retires les parenthèses ou les guillemets du programme, et que tu essaies de le relancer ?

Ton tout premier programme d'informatique physique : Bonjour LED !

Si parvenir à afficher « Bonjour tout le monde ! » à l'écran est la première étape commune de l'apprentissage d'un langage de programmation, le fait d'arriver à allumer une LED constitue le premier pas le plus courant dans l'apprentissage de l'informatique physique sur une nouvelle plateforme. Tu peux même te lancer sans avoir besoin de composants supplémentaires : ton Raspberry Pi Pico sur le dessus présente une petite LED, connue sous le nom de *LED CMS (CMS signifie composant monté en surface)*.

Commence par trouver la LED : il s'agit d'un petit composant rectangulaire situé à gauche du port micro-USB, en haut de la carte (**Figure 9-16**), et marqué d'une étiquette indiquant « LED ».

La LED intégrée est connectée à l'une des broches d'entrée/sortie à usage général du microcontrôleur RP2040, la GP25. Il s'agit de l'une des broches GPIO « manquantes », c'est-à-dire qu'elles sont fournies par le microcontrôleur RP2040, ne correspondent à aucune broche physique sur le bord de ton Pico. Tu ne peux donc pas connecter de matériel à cette broche en dehors de la LED intégrée, mais elle peut être traitée comme n'importe quelle autre

Figure 9-16
La LED intégrée se trouve à gauche du
connecteur micro USB

broche GPIO dans tes programmes. C'est un excellent moyen d'ajouter une
sortie à tes programmes sans avoir besoin de composants supplémentaires.

Clique sur l'icône **Nouveau** ✚ dans Thonny et démarre ton programme avec
la ligne suivante :

```python
import machine
```

Cette courte ligne de code est la clé pour travailler avec MicroPython sur
ton Pico. Elle charge, ou *importe* un ensemble de code MicroPython, connu
sous le nom de *bibliothèque*, dans ce cas, la bibliothèque **machine**. La bibliothèque **machine** contient toutes les instructions dont MicroPython a besoin
pour communiquer avec le Pico et d'autres appareils compatibles avec Micro-
Python, étendant ainsi le langage à l'informatique physique. Sans cette ligne,
tu ne pourras contrôler aucune des broches GPIO de ton Pico, et tu ne pourras
pas allumer la LED intégrée.

La bibliothèque **machine** expose ce que l'on appelle une *interface de programmation d'applications (API)*. Si ce terme peut paraître compliqué, il décrit
exactement son rôle : permettre à ton programme, ou à l'*application*, de communiquer avec le Pico via une *interface*.

La ligne suivante de ton programme constitue un exemple de l'API de la bibliothèque **machine** :

```python
led_onboard = machine.Pin("LED", machine.Pin.OUT)
```

Cette ligne définit un objet appelé **led_onboard**, un terme convivial qui désigne la LED intégrée que tu pourras utiliser plus tard dans ton programme.
Techniquement, tu peux utiliser n'importe quel nom ici, mais il est préférable

de s'en tenir à des noms qui décrivent l'objectif de la variable, afin de faciliter la lecture et la compréhension du programme.

La deuxième partie de la ligne appelle la fonction **Pin** dans la bibliothèque de la machine. Cette fonction, comme son nom l'indique, gère les broches GPIO de ton Pico. Pour l'instant, aucune des broches GPIO (y compris la GP25, la broche connectée à la LED intégrée) ne sait ce qu'elle est censée faire. Le premier argument, **LED**, est une *macro* qui est assignée à la LED embarquée, que tu peux utiliser au lieu d'avoir à te souvenir du numéro de sa broche. La seconde, **machine.Pin.OUT**, indique à Pico que la broche doit être utilisée en tant que *sortie* plutôt que comme *entrée*.

Cette ligne suffit à paramétrer la broche, mais elle n'allume pas la LED. Pour ce faire, tu dois demander à ton Pico d'activer la broche. Saisis le code ci-dessous sur la ligne suivante :

```
led_onboard.value(1)
```

Cette ligne reprend également l'API de la bibliothèque de la machine. Ta ligne précédente a créé l'objet **led_onboard** en tant que sortie sur la broche GP25 en utilisant la macro **LED** ; cette ligne définit l'objet et fixe sa *valeur* à 1 pour « on ». Elle pourrait aussi définir la valeur à 0, pour « off ».

NUMÉROS DE BROCHES

Les broches GPIO de ton Pico sont généralement désignées par leur nom complet : GP25 pour la broche connectée à la LED intégrée, par exemple. Dans MicroPython, cependant, les lettres G et P sont supprimées. Veille donc à écrire « 25 » et non « GP25 » dans ton programme si tu utilises le numéro de broche au lieu de la macro **LED**, sinon il ne fonctionnera pas !

Clique sur le bouton **Exécuter** et enregistre le programme sur ton Pico sous le nom de **Blink.py**. Tu verras la LED s'allumer. Félicitations : tu as rédigé ton tout premier programme d'informatique physique !

Tu peux cependant remarquer que la LED reste allumée. C'est parce que ton programme demande au Pico de l'allumer, mais ne lui demande jamais de l'éteindre. Tu peux ajouter une autre ligne au bas de ton programme :

```
led_onboard.value(0)
```

Exécute le programme, mais cette fois-ci la LED ne s'allume plus du tout. C'est parce que ton Pico travaille très, très rapidement, beaucoup plus rapidement que ce que tu peux voir à l'œil nu. La LED s'allume, mais pendant un temps très court, qui te donne l'impression qu'elle reste éteinte. Pour remédier à cela, tu dois ralentir ton programme en introduisant un délai.

Reviens en haut de ton programme : clique pour déplacer ton curseur sur la fin de la première ligne et appuie sur **ENTRÉE** pour insérer une nouvelle deuxième ligne. Sur cette ligne, tu peux saisir :

```
import time
```

Comme pour **import machine**, cette ligne importe une nouvelle bibliothèque dans MicroPython : la bibliothèque **time**. Cette bibliothèque gère tout ce qui est en lien avec le temps, de sa mesure à l'insertion de délais dans tes programmes.

Clique sur la fin de la ligne **led_onboard.value(1)**, puis appuie sur la touche **ENTRÉE** pour insérer une nouvelle ligne. Tu peux saisir :

```
time.sleep(5)
```

Cet ordre appelle la fonction **sleep** de la bibliothèque **time**, qui met ton programme en pause pendant le nombre de secondes que tu as saisi, à savoir, dans ce cas, cinq secondes.

Clique à nouveau sur le bouton **Exécuter**. Cette fois, tu peux voir la LED intégrée de ton Pico s'allumer, rester allumée pendant cinq secondes (tu peux compter pour vérifier), puis s'éteindre à nouveau.

Enfin, il est temps de faire clignoter la LED. Pour ce faire, tu dois créer une boucle. Réécris ton programme pour qu'il corresponde à celui indiqué ci-dessous :

```
import machine
import time

led_onboard = machine.Pin(LED, machine.Pin.OUT)

while True:
    led_onboard.value(1)
    time.sleep(5)
    led_onboard.value(0)
    time.sleep(5)
```

Rappelle-toi que les lignes à l'intérieur de la boucle doivent être indentées de quatre espaces, afin que MicroPython sache qu'elles forment la boucle. Clique à nouveau sur l'icône **Exécuter** ▶ et tu verras la LED s'allumer pendant cinq secondes, s'éteindre pendant cinq secondes, puis se rallumer, le tout se répétant constamment dans une boucle infinie. La LED continuera de clignoter jusqu'à ce que tu cliques sur l'icône **Arrêter** ⏹ pour annuler ton programme et réinitialiser ton Pico.

Il existe une autre façon d'obtenir le même résultat : utiliser une fonction *alterner (toggle en anglais)* plutôt que de régler explicitement la sortie de la LED sur 0 ou 1. Supprime les quatre dernières lignes de ton programme et remplace-les comme suit :

```python
import machine
import time

led_onboard = machine.Pin(LED, machine.Pin.OUT)

while True:
    led_onboard.toggle()
    time.sleep(5)
```

Exécute à nouveau ton programme. Tu obtiens le même résultat qu'auparavant : la LED intégrée s'allume pendant cinq secondes, puis s'éteint pendant cinq secondes, puis s'allume à nouveau dans une boucle infinie. Cette fois, cependant, ton programme est plus court de deux lignes : tu l'as *optimisé*. Disponible sur toutes les broches de sortie numériques, **toggle()** alterne simplement entre « on » et « off » : si la broche est actuellement sur « on », **toggle()** la désactive ; si elle est sur « off », **toggle()** l'allume.

DÉFI : UN ÉCLAIRAGE PLUS LONG

Comment changerais-tu le programme pour que la LED reste allumée plus longtemps ? Ou pour qu'elle reste éteinte plus longtemps ? Quel est le délai le plus court que l'on puisse paramétrer qui permet encore de voir la LED clignoter ?

Félicitations : tu as appris ce qu'est un microcontrôleur, comment connecter le Raspberry Pi Pico à ton Raspberry Pi, comment écrire des programmes MicroPython et comment faire alterner une LED en contrôlant une broche sur ton Pico !

Il y a encore beaucoup à apprendre sur ton Raspberry Pi Pico : l'utiliser avec une platine, connecter du matériel supplémentaire comme des LED, des boutons, des capteurs de mouvement ou des écrans, et même utiliser des fonctionnalités avancées comme ses *convertisseurs analogique-numérique (ADC)* et ses *entrées/sorties programmables (PIO)*. Et c'est sans compter la connexion à ton réseau pour commencer à expérimenter l'*Internet des objets (IoT)*.

Pour en savoir plus, procure-toi un exemplaire de *Get Started with MicroPython on Raspberry Pi Pico*. Il est disponible dans toutes les bonnes librairies, en livre électronique et en version imprimée.

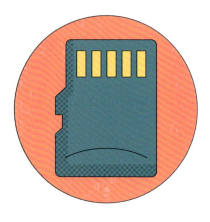

Annexe A

Installer un système d'exploitation sur une carte microSD

Tu peux acheter auprès de tous les bons fournisseurs Raspberry Pi des cartes microSD avec Raspberry Pi OS préinstallé afin de commencer rapidement et en toute simplicité avec Raspberry Pi. Des cartes microSD préchargées sont également fournies avec le Desktop Kit Raspberry Pi et le Raspberry Pi 400.

Si tu préfères installer toi-même le système d'exploitation sur une carte microSD vierge, Raspberry Pi Imager te permettra d'y arriver facilement. Si tu utilises Raspberry Pi 4, Raspberry Pi 400 ou Raspberry Pi 5, tu peux également télécharger le système d'exploitation puis l'installer directement sur ton dispositif via le réseau.

ATTENTION !

Si tu as acheté une carte microSD avec Raspberry Pi OS préinstallé, tu n'as rien d'autre à faire que de l'insérer dans ton Raspberry Pi. Ces instructions concernent l'installation de Raspberry Pi OS sur des cartes microSD vierges ou déjà utilisées et sur lesquelles tu souhaites installer un nouveau système d'exploitation. Si tu suis ces instructions avec une carte microSD contenant des fichiers, ceux-ci seront définitivement perdus. Veille à effectuer une sauvegarde du contenu de ta carte avant de commencer !

Télécharger Raspberry Pi Imager

Basé sur Debian, Raspberry Pi OS est le système d'exploitation officiel de Raspberry Pi. La façon la plus simple d'installer Raspberry Pi OS sur une carte microSD pour ton Raspberry Pi consiste à utiliser l'outil Raspberry Pi Imager, téléchargeable depuis la page **rptl.io/imager**.

L'application Raspberry Pi Imager est disponible pour les ordinateurs Windows, macOS et Ubuntu Linux, choisis donc la version adaptée à ton système. Si ton Raspberry Pi est le seul ordinateur auquel tu as accès, passe directement à la section « Exécuter Raspberry Pi Imager via le réseau », afin de déterminer si tu peux exécuter l'outil directement sur ton Raspberry Pi. Si ce n'est pas le cas, tu devras acheter une carte microSD avec le système d'exploitation déjà installé chez un fournisseur Raspberry Pi, ou demander à quelqu'un de l'installer sur ta carte microSD pour toi.

Sur macOS, double-clique sur le fichier **DMG** que tu as téléchargé. Tu devras peut-être modifier tes paramètres de sécurité et de confidentialité afin de permettre aux applications téléchargées depuis l'« App Store et développeurs identifiés » de fonctionner. Il te suffit ensuite de faire glisser l'icône **Raspberry Pi Imager** dans le dossier Applications.

Sur un PC Windows, double-clique sur le fichier **EXE** que tu as téléchargé. Lorsque tu y es invité, exécute-le en sélectionnant « **Oui** ». Clique ensuite sur le bouton « **Install** » pour lancer l'installation.

Sous Ubuntu Linux, double-clique sur le fichier **DEB** que tu as téléchargé pour ouvrir le Centre de logiciels avec le package sélectionné, puis suis les instructions à l'écran pour installer Raspberry Pi Imager.

Tu peux maintenant connecter la carte microSD à ton ordinateur. Tu auras besoin d'un lecteur de cartes USB, à moins que ton ordinateur ne soit équipé d'un lecteur de cartes intégré ; c'est le cas de nombreux ordinateurs portables, mais pas de beaucoup d'ordinateurs de bureau. La carte microSD ne doit pas nécessairement être pré-formatée.

Lance l'application Raspberry Pi Imager, puis passe à «Installer le système d'exploitation sur la carte microSD» à la page 250.

Exécuter Raspberry Pi Imager via le réseau

Les Raspberry Pi 4 et Raspberry Pi 400 sont tous deux capables d'exécuter eux-mêmes Raspberry Pi Imager en le chargeant sur le réseau, sans l'intermédiaire d'un ordinateur de bureau ou portable séparé.

Pour exécuter directement Raspberry Pi Imager, tu auras besoin de ton Raspberry Pi, d'une carte microSD vierge, d'un clavier (si tu utilises un autre clavier que celui intégré avec le Raspberry Pi 400), d'un écran de télévision ou d'ordinateur, ainsi que d'un câble Ethernet connecté à ton modem ou routeur. L'installation via une connexion Wi-Fi n'est pas prise en charge.

Insère ta carte microSD vierge dans l'emplacement microSD de ton Raspberry Pi, puis connecte le clavier, le câble Ethernet et l'alimentation USB. Si tu réutilises une carte microSD, maintiens la touche **Majuscule** enfoncée lorsque le Raspberry Pi démarre pour charger l'installateur réseau ; si ta carte microSD est vierge, l'installateur se chargera automatiquement.

Lorsque l'écran d'installation du réseau s'affiche, maintiens la touche **Majuscule** enfoncée pour lancer le processus d'installation. Le programme d'installation télécharge alors automatiquement une version spéciale de Raspberry Pi Imager et la charge ensuite sur ton Raspberry Pi, comme indiqué sur la **Figure A-1**. Une fois téléchargé, tu peux voir apparaître un écran exactement comme pour la version autonome de Raspberry Pi Imager, avec des options permettant de choisir un système d'exploitation et un périphérique de stockage pour l'installation.

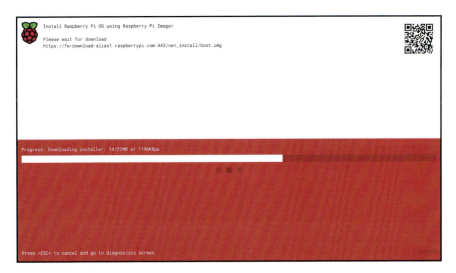

Figure A-1   Installation de Raspberry Pi OS via le réseau

Installer le système d'exploitation sur la carte microSD

Clique sur le bouton **Choisir le Modèle** pour sélectionner le modèle de Raspberry Pi que tu possèdes ; tu pourras alors voir l'écran illustré en **Figure A-2**. Trouve ton Raspberry Pi dans la liste et clique dessus. Ensuite, clique sur **Choisir l'OS** pour sélectionner le système d'exploitation que tu souhaites installer, l'écran illustré en **Figure A-3** s'affiche alors.

La première option est Raspberry Pi OS with desktop (Système d'exploitation Raspberry Pi avec ordinateur de bureau) : si tu préfères la version allégée Lite ou la version complète (avec tous les logiciels recommandés préinstallés), sélectionne **Raspberry Pi OS (other)**.

Tu peux également faire défiler la liste pour voir une série de systèmes d'exploitation tiers compatibles avec Raspberry Pi. En fonction du modèle de ton Raspberry Pi, il peut s'agir de systèmes d'exploitation polyvalents tels qu'Ubuntu Linux et RISC OS Pi, ou bien de systèmes d'exploitation conçus pour le divertissement à domicile, les jeux, l'émulation, l'impression 3D, l'affichage numérique, etc.

Tout en bas de la liste, tu peux trouver **Erase** ; cette action effacera toutes les données contenues sur la carte microSD.

Figure A-2 Choisir ton modèle Raspberry Pi

Si tu souhaites essayer d'utiliser un système d'exploitation qui ne figure pas dans la liste, tu peux toujours l'installer grâce à Raspberry Pi Imager. Il suffit d'accéder au site Web du système d'exploitation, de télécharger l'image, puis de choisir l'option Use custom au bas de la liste Choisir un système d'exploitation.

Figure A-3   Choisir un système d'exploitation

32 BITS CONTRE 64 BITS

Après avoir sélectionné un modèle de Raspberry Pi, seules les images de systèmes d'exploitation compatibles avec ce modèle te seront proposées. Si Raspberry Pi OS (64 bits) fait partie des options, comme c'est le cas avec Raspberry Pi 4 ou Raspberry Pi 5, choisis l'option 64 bits, à moins que tu n'aies un besoin impératif d'installer une version 32 bits pour le système d'exploitation.

Une fois le système d'exploitation sélectionné, clique sur le bouton **Choisir le Stockage** puis sélectionne ta carte microSD. En général, il s'agit du seul périphérique de stockage présent dans la liste. Si tu vois plusieurs périphériques de stockage (par exemple si tu as une autre carte microSD ou une clé USB connectée à ton ordinateur) fais très attention à choisir le bon périphérique, car tu risques sinon d'effacer ton disque et de perdre toutes tes données. En cas de doute, ferme Raspberry Pi Imager, déconnecte tous les lecteurs amovibles à l'exception de la carte microSD cible et ouvre à nouveau Raspberry Pi Imager.

Enfin, clique sur le bouton **Suivant**. Tu devras alors indiquer si tu souhaites personnaliser le système d'exploitation. Si tu utilises la version Lite, tu devras forcément passer par cette étape car elle te permet de configurer ton nom d'utilisateur, ton mot de passe, ta connexion au réseau sans fil et plus encore, sans avoir besoin de connecter un clavier, une souris ou un écran.

Raspberry Pi Imager te demandera ensuite de confirmer si tu souhaites écrire le contenu de ta carte SD. Si tu cliques sur **Oui**, il commencera l'opération. Il te suffit maintenant de patienter pendant que l'utilitaire écrit le système d'exploitation sélectionné sur ta carte, puis qu'il le vérifie. Une fois que le système d'exploitation a été écrit, tu peux retirer la carte microSD de ton ordinateur de bureau ou portable et l'insérer dans ton Raspberry Pi pour le lancer avec ton nouveau système d'exploitation. Si tu as écrit le nouveau système d'exploitation sur ton Raspberry Pi lui-même à l'aide de la fonction de démarrage en réseau, il te suffit d'éteindre le Raspberry Pi et de le rallumer pour charger le nouveau système d'exploitation.

Vérifie toujours que le processus d'écriture est bien terminé avant de retirer la carte microSD ou d'éteindre ton Raspberry Pi. Si le processus est interrompu en cours de route, ton nouveau système d'exploitation ne fonctionnera pas correctement. Dans ce cas, tu devras relancer le processus d'écriture afin d'écraser le système d'exploitation endommagé et le remplacer par une copie fonctionnelle.

Clique sur un logiciel pour obtenir des informations supplémentaires à son sujet ; celles-ci seront affichées dans l'espace situé au bas de la fenêtre, comme indiqué dans la **Figure B-2**.

Figure B-1   La fenêtre de l'outil **Add/Remove Software**

Figure B-2   Informations supplémentaires sur les logiciels

Si de nombreux logiciels sont disponibles dans la catégorie que tu as sélectionnée, il se peut que l'outil **Add/Remove Software** (Ajouter/supprimer un logiciel) mette un certain temps à parcourir l'ensemble de la liste.

Installation de logiciels

Pour sélectionner un logiciel à installer, clique sur la case à cocher située à côté. Tu peux installer plusieurs logiciels à la fois : il te suffit de cocher des cases pour en ajouter d'autres. L'icône correspondant au logiciel se transforme en un paquet ouvert avec un symbole « + », comme indiqué dans la **Figure B-3**, ce qui te confirme qu'il va être installé.

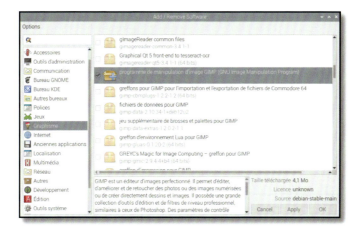

Figure B-3   Sélection d'un logiciel pour l'installation

Lorsque tu es satisfait de tes choix, clique sur le bouton **OK** ou bien sur **Apply**. Le bouton **OK** installe le logiciel puis ferme l'outil **Add/Remove Software** (Ajouter/supprimer un logiciel), tandis que le bouton **Apply** laisse l'outil ouvert une fois le logiciel installé. Tu vas devoir saisir ton mot de passe (**Figure B-4**) pour confirmer ton identité : après tout, personne ne souhaite que n'importe qui puisse ajouter ou supprimer un logiciel dans son Raspberry Pi !

Tu peux constater que lorsque tu installes un logiciel, d'autres sont installés en même temps que lui. Il s'agit de *dépendances*, nécessaires pour que le logiciel que tu as choisi d'installer fonctionne, comme les paquets d'effets sonores pour un jeu ou une base de données pour un serveur Web.

Une fois le logiciel installé, tu peux le retrouver en cliquant sur l'icône Raspberry Pi, qui te permet d'ouvrir le menu, et en trouvant la catégorie du logiciel (voir **Figure B-5**). Garde à l'esprit que la catégorie du menu n'est pas toujours la même que celle de l'outil **Add/Remove Software**, et que certains logiciels n'ont pas d'entrée dans le menu. Ces derniers sont connus sous le nom de *logiciel en ligne de commande*, et doivent être exécutés à partir d'un terminal. Pour plus d'informations sur la ligne de commande et le terminal, reporte-toi au Annexe C, *L'interface en ligne de commande*.

Figure B-4 Vérification de ton identité

Figure B-5 Recherche du logiciel que tu viens d'installer

Désinstallation de logiciels

Pour sélectionner un logiciel à supprimer ou à *désinstaller*, cherche-le dans la liste des logiciels (la fonction de recherche t'aidera beaucoup) et décoche la case qui lui correspond en cliquant dessus. Tu peux désinstaller plusieurs logiciels à la fois : il te suffit de continuer à décocher des cases pour supprimer les logiciels correspondants. L'icône en face du logiciel se transforme en un paquet ouvert placé à côté d'une corbeille de recyclage, pour te confirmer qu'il va bien être désinstallé (voir **Figure B-6**).

Tout comme tu l'as fait précédemment, clique sur **OK** ou sur **Apply** pour lancer la désinstallation des logiciels sélectionnés. Tu devras confirmer ton mot

Figure B-6   Sélection d'un logiciel à supprimer

de passe, sauf si tu l'as fait dans les dernières minutes, et tu pourras également être invité à confirmer que tu souhaites supprimer toute dépendance
associée à ton logiciel (voir **Figure B-7**). Une fois la désinstallation terminée,
le logiciel disparaîtra du menu Raspberry Pi, mais les fichiers que tu as créés
à l'aide du logiciel (images pour un logiciel graphique, par exemple, ou sauve-
gardes pour un jeu) ne seront pas supprimés.

Figure B-7   Confirmation de la suppression des dépendances

ATTENTION !

Tous les logiciels installés dans Raspberry Pi OS s'affichent dans l'outil **Add/Remove Software** (Ajouter/supprimer un logiciel), y compris les logiciels nécessaires au fonctionnement de ton Raspberry Pi. Il est possible de supprimer les logiciels que le bureau doit charger. Pour éviter cela, ne désinstalle aucun logiciel, à moins d'être sûr que tu n'en as vraiment plus besoin. Tu peux réinstaller Raspberry Pi OS en suivant les instructions du Annexe A, *Installer un système d'exploitation sur une carte microSD*.

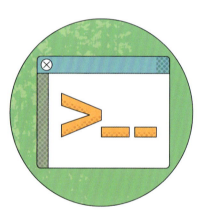

Annexe C

L'interface en ligne de commande

S'il est possible de gérer la plupart des logiciels d'un Raspberry Pi depuis le bureau, certains ne sont accessibles qu'en mode texte, connu sous le nom d'*interface en ligne de commande (CLI)*, dans une application que l'on appelle Terminal. La plupart des utilisateurs n'auront jamais besoin d'utiliser l'interface en ligne de commande, mais pour ceux qui veulent en savoir plus, cette annexe propose une introduction rapide.

Chargement du Terminal

L'accès à l'interface en ligne de commande se fait par le Terminal, un logiciel qui charge un élément désigné par le terme technique de *terminal de téléscripteur virtuel (VTY)*. Ce terme remonte aux débuts de l'informatique, lorsque les utilisateurs définissaient des commandes avec une grosse machine à écrire électromécanique et qu'ils ne disposaient ni d'un clavier, ni d'un écran. Pour charger le Terminal, clique sur l'icône Raspberry pour ouvrir le menu, sélectionne la catégorie **Accessoires**, puis clique sur **LXTerminal**. La fenêtre du Terminal s'affiche comme indiqué dans la **Figure C-1**.

Comme n'importe quelle autre fenêtre, la fenêtre du Terminal peut être déplacée sur le bureau, redimensionnée, agrandie ou réduite. Tu peux également augmenter la taille des caractères si tu as du mal à les lire, ou la diminuer si tu veux en afficher plus dans la fenêtre : clique sur le menu **Édition** et choisis **Zoom avant** ou **Zoom arrière**, ou maintiens enfoncée la touche **CTRL+Majuscule** de ton clavier, puis la touche **+** ou **-**.

Figure C-1   La fenêtre du terminal

L'invite de commande

Le premier élément que tu trouveras dans un Terminal est une *invite de commande* qui attend tes instructions. Sur un Raspberry Pi faisant fonctionner Raspberry Pi OS, l'invite de commande est la suivante :

`username@raspberrypi:~ $`

La première partie de l'invite de commande, **username**, est ton nom d'utilisateur. La deuxième partie, après **@**, est le nom de l'ordinateur que tu utilises, qui est **raspberrypi** par défaut. Après les « **:** » se trouve un tilde, le symbole **~**, qui est une manière abrégée de se référer à ton répertoire personnel et représente ton *répertoire de travail actuel (CWD)*. Enfin, le symbole **$** indique que ton utilisateur est un *utilisateur non privilégié*, ce qui signifie que tu vas devoir augmenter tes autorisations avant d'effectuer certaines tâches, comme l'ajout ou la suppression de logiciels.

Se déplacer dans l'arborescence

Pour essayer de te déplacer dans l'arborescence, saisis les éléments suivants, puis appuie sur la touche ENTRÉE :

`cd Desktop`

Tu peux voir que l'invite de commande devient donc :

```
pi@raspberrypi:~/Desktop $
```

Ton répertoire de travail actuel a changé : tu te trouvais auparavant dans ton répertoire personnel, indiqué par le symbole **~**, et tu te trouves désormais dans le sous-répertoire **Desktop** de ton répertoire personnel. Pour y parvenir, tu as utilisé la commande **cd**, qui signifie *changer de répertoire*.

> ### MAJUSCULES ET MINUSCULES
>
> L'interface en ligne de commande de Raspberry Pi OS est sensible à la casse, ce qui signifie qu'il fait une distinction entre les lettres majuscules et minuscules dans les commandes ou les noms. Si tu reçois un message « Aucun fichier ou répertoire » lorsque tu as essayé de changer de répertoire, vérifie que tu as bien écrit **Desktop** avec un D majuscule.

Il y a quatre moyens de revenir à ton répertoire personnel : essaie-les tous à tour de rôle, en retournant ensuite dans le sous-répertoire **Desktop** à chaque fois. La première est :

```
cd ..
```

Le symbole **..** est un raccourci, qui indique d'aller dans « le répertoire au-dessus du répertoire courant », également connu sous le nom de *répertoire parent*. Du moment que le répertoire situé au-dessus de **Desktop** est ton répertoire personnel, tu y seras renvoyé. Reviens au sous-répertoire **Desktop** et essaie la deuxième option :

```
cd ~
```

Le symbole **~** signifie « aller dans mon répertoire personnel ». Contrairement à **cd ..**, qui t'emmène simplement au répertoire parent du répertoire dans lequel tu te trouves actuellement, cette commande fonctionne depuis n'importe où. Il existe cependant un moyen encore plus simple :

```
cd
```

Si on ne lui attribue pas le nom d'un répertoire, **cd** retourne par défaut à ton répertoire personnel.

Il existe une autre façon de retourner dans ton répertoire personnel (pour ce faire, remplace **username** par ton véritable nom d'utilisateur) :

```
cd /home/username
```

Avec cette commande, tu empruntes ce qu'on appelle un *chemin absolu*, qui fonctionnera quel que soit le répertoire de travail en cours. Ainsi, comme pour **cd** seul ou pour **cd ~**, le système te ramène à ton répertoire d'origine, quel que soit l'endroit où tu te situes. Contrairement aux autres méthodes, tu as besoin de connaître ton nom d'utilisateur pour utiliser cette option.

Gestion des dossiers

Pour t'entraîner à travailler avec des dossiers, place-toi (avec la commande **cd**) dans le répertoire **Desktop** et saisis les éléments suivants :

```
touch Test
```

Tu peux voir un fichier appelé **Test** s'afficher sur le bureau. La commande **touch** est généralement utilisée pour mettre à jour les informations de date et d'heure d'un fichier, mais si (comme c'est le cas ici) le fichier n'existe pas, elle le crée.

Tu peux saisir :

```
cp Test Test2
```

Tu peux alors voir un second fichier, appelé **Test2**, s'afficher sur le bureau. Il s'agit d'une *copie* du fichier original, identique en tous points. Supprime-le en saisissant :

```
rm Test2
```

Cette action *supprime* le fichier, il va donc disparaître.

 ATTENTION !

Lorsque tu supprimes des fichiers à l'aide du gestionnaire de fichiers graphique, celui-ci les déplace dans la corbeille pour que tu puisses les récupérer ultérieurement, au cas où tu changerais d'avis. Les fichiers supprimés via **rm** le sont définitivement et ne sont pas déplacés dans la corbeille. Tu dois donc faire bien attention à ce que tu saisis !

Ensuite, essaie la commande ci-dessous :

```
mv Test Test2
```

Cette commande permet de *déplacer* le fichier. Tu pourras ainsi voir ton fichier **Test** disparaître et être remplacé par **Test2**. La commande de déplacement, **mv**, peut être utilisée de cette manière pour renommer des fichiers.

Cependant, lorsque tu n'es pas sur le bureau, tu dois quand même pouvoir savoir quels fichiers se trouvent dans un répertoire. Tu peux donc saisir :

```
ls
```

Cette commande *liste* le contenu du répertoire en cours, ou de tout autre répertoire que tu lui indiques. Pour obtenir plus de détails, par exemple la liste des fichiers masqués et l'indication de la taille des fichiers, essaie d'ajouter quelques paramètres :

```
ls -larth
```

Ces derniers modifient le résultat de la commande **ls** : **l** commute la sortie en une longue liste verticale ; **a** lui demande d'afficher tous les fichiers et répertoires, y compris ceux qui seraient normalement masqués. Le paramètre **r** inverse l'ordre de tri normal ; **t** trie en fonction de la date de modification, ce qui, combiné avec **r**, renvoie les fichiers les plus anciens en haut de la liste et les fichiers les plus récents en bas. **h**, quant à lui, simplifie la lecture de la taille des fichiers, ce qui rend la liste plus facile à comprendre.

Exécution des programmes

Certains programmes ne peuvent être exécutés qu'en ligne de commande, tandis que d'autres ont une interface graphique et une interface en ligne de commande. Par exemple, l'outil Logiciel de configuration du Raspberry Pi entre dans la seconde catégorie, tu le chargerais donc normalement à partir du menu de l'icône Raspberry.

Pour utiliser l'outil Logiciel de configuration à partir de la ligne de commande, saisis les éléments suivants :

```
raspi-config
```

Un message d'erreur apparaît alors, et te signale que le logiciel ne peut être exécuté qu'en tant que *root*, le compte super-utilisateur de ton Raspberry Pi, en raison du statut de ton compte utilisateur défini en tant qu'utilisateur non privilégié. Il t'indique également comment exécuter le logiciel en tant que root, en saisissant :

```
sudo raspi-config
```

La partie **sudo** de la commande est une abréviation de *switch-user do* et demande à Raspberry Pi OS d'exécuter la commande en tant qu'utilisateur root. L'outil Logiciel de configuration du Raspberry Pi apparaît comme illustré en **Figure C-2**.

Tu ne dois utiliser **sudo** que lorsqu'un programme a besoin de *privilèges* élevés, par exemple lorsqu'il s'agit d'installer ou de désinstaller des logiciels, ou encore d'ajuster les paramètres du système. Un jeu, par exemple, ne doit jamais être lancé en utilisant **sudo**.

Figure C-2   L'outil Logiciel de configuration du Raspberry Pi

Appuie deux fois sur la touche **TAB** pour sélectionner Finish (Terminer) et appuie sur **ENTRÉE** pour quitter l'outil Logiciel de configuration du Raspberry Pi et revenir à l'interface en ligne de commande. Enfin, saisis les éléments suivants :

```
exit
```

Cette commande mettra fin à ta session dans l'interface en ligne de commande et fermera l'application Terminal.

Utilisation des TTY

L'application Terminal n'est pas la seule façon d'utiliser l'interface en ligne de commande : tu peux également passer à l'un des nombreux terminaux en service appelés *télétypes*, ou plus simplement désignés par *TTY*. Maintiens enfoncées les touches **CTRL** et **ALT** sur ton clavier et appuie sur la touche **F2** pour passer à « tty2 » (voir **Figure C-3**).

```
Debian GNU/Linux 12 raspberrypi tty2

raspberrypi login:
```

Figure C-3   L'un des télétypes (TTY)

Tu vas devoir te reconnecter à l'aide de ton nom d'utilisateur et de ton mot de passe, après quoi tu pourras utiliser l'interface en ligne de commande comme dans l'application Terminal. L'utilisation de ces TTY est utile lorsque, pour une raison quelconque, l'interface principale du bureau ne fonctionne pas.

Pour quitter un TTY, appuie sur **CTRL+ALT**, puis sur **F7** : le bureau s'affiche alors de nouveau. Appuie sur **CTRL+ALT+F2** pour repasser en mode « tty2 » : tous les éléments qui étaient en cours d'exécution seront toujours là.

Avant de changer à nouveau, saisis :

`exit`

Appuie ensuite sur **CTRL+ALT+F7** pour revenir au bureau. La raison pour laquelle tu dois absolument sortir avant de quitter le TTY, c'est que toute personne ayant accès au clavier peut passer en TTY ; si tu es toujours connecté, elle pourra accéder à ton compte sans même avoir besoin de connaître ton mot de passe !

Félicitations : tu as fait tes premiers pas vers la maîtrise de l'interface en ligne de commande de Raspberry Pi OS !

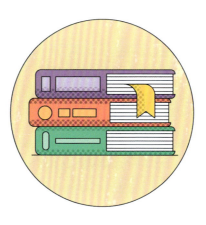

Annexe D

Lectures complémentaires

Le Guide officiel du débutant Raspberry Pi est conçu pour t'aider dans tes premiers pas avec ton Raspberry Pi, mais il ne s'agit en aucun cas d'une présentation exhaustive de tout ce qu'il te permet de faire. La communauté Raspberry Pi s'étend sur l'ensemble de la planète et ses membres réalisent toutes sortes d'activités, des jeux aux applications de détection en passant par de la robotique et de l'intelligence artificielle. Il s'agit d'une considérable source d'inspiration.

Les pages de cette annexe présentent quelques sources d'idées de projets, de programmes de formation et d'autres documents qui peuvent constituer une excellente prochaine étape maintenant que tu as franchi le cap du *Guide du débutant*.

Bibliothèque

icône Raspberry Pi > Help > Bookshelf

Figure D-1 L'application Bibliothèque

La Bibliothèque (illustrée sur **Figure D-1**) est une application incluse dans Raspberry Pi OS qui te permet de parcourir, télécharger et lire les versions numériques des publications de Raspberry Pi Press. Charge-la en cliquant sur l'icône Raspberry Pi, sélectionne Aide, puis clique sur **Bookshelf** ; tu peux ensuite parcourir une série de magazines et de guides, tous téléchargeables gratuitement et consultables à ta guise.

Actualités Raspberry Pi

raspberrypi.com/news

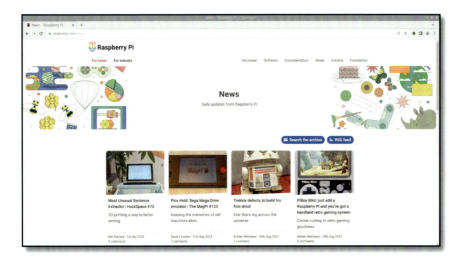

Figure D-2   Actualités Raspberry Pi

Tu pourras découvrir un nouvel article chaque jour de la semaine : des annonces concernant les nouveaux ordinateurs et accessoires Raspberry Pi et les dernières mises à jour logicielles, des présentations de projets communautaires, ainsi que des mises à jour des publications de Raspberry Pi Press, notamment les magazines MagPi et HackSpace (**Figure D-2**).

Projets Raspberry Pi

rpf.io/projects

Figure D-3   Projets Raspberry Pi

Le site officiel Projets Raspberry Pi, qui fait partie de la Fondation Raspberry Pi (**Figure D-3**) propose des tutoriels de projets étape par étape dans différentes catégories, allant de la création de jeux et de musique, à la construction de ton propre site web ou même d'un robot commandé par Raspberry Pi. La plupart des projets sont disponibles en plusieurs langues et couvrent différents niveaux de difficulté adaptés à tous, des débutants absolus aux créateurs expérimentés.

Raspberry Pi Education

rpf.io/education

Figure D-4   Le site Raspberry Pi Education

Le site officiel Raspberry Pi Education (**Figure D-4**) propose des bulletins d'information, des formations en ligne et des projets destinés aux éducateurs. Le site présente également des liens vers d'autres ressources, notamment des programmes de formation gratuits, les programmes de codage du Code Club et du CoderDojo animés par des bénévoles, et plus encore.

Forums Raspberry Pi

rptl.io/forums

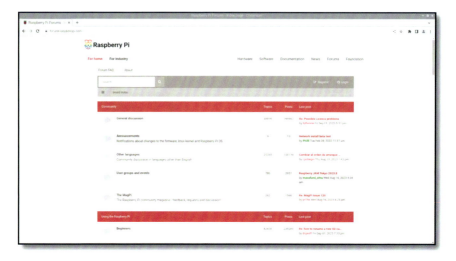

Figure D-5 Les forums Raspberry Pi

Les forums Raspberry Pi, présentés en **Figure D-5**, sont un lieu de rencontre pour les fans de Raspberry Pi, où ils peuvent se retrouver et discuter de tout, des problèmes rencontrés par les débutants aux sujets les plus techniques. Il y a même une zone « hors sujet » pour les discussions générales !

Le magazine MagPi

magpi.cc

Figure D-6   Le magazine The MagPi

Le magazine officiel de Raspberry Pi, *The MagPi*, est une publication men-
suelle qui aborde tous les sujets, des tutoriels et guides aux critiques et aux
nouveautés, et qui est soutenue en grande partie par la communauté mon-
diale de Raspberry Pi (**Figure D-6**). Des exemplaires sont disponibles chez
tous les bons marchands de journaux, et il peut également être téléchargé
gratuitement sous la licence Creative Commons. *The MagPi* publie également
des livres et des magazines traitant de sujets variés, qui peuvent être achetés
au format papier ou être téléchargés gratuitement.

Le magazine HackSpace

hsmag.cc

Figure D-7   Le magazine HackSpace

Le magazine *HackSpace* offre un regard sur la communauté des « makers »
(autrement dit, ceux qui aiment faire les choses par eux-mêmes) ; il passe en
revue différents matériels et logiciels, et propose des tutoriels ainsi que des
interviews (**Figure D-7**). Si tu souhaites élargir tes horizons au-delà de Raspberry Pi, le magazine *HackSpace* est un excellent point de départ. Tu peux le
trouver en version papier chez les marchands de journaux, et il est également
disponible en version numérique.

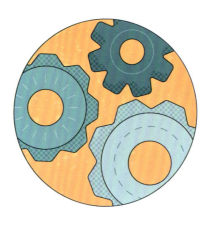

Annexe E

L'Outil de configuration du Raspberry Pi

L'outil de configuration du Raspberry Pi est un logiciel puissant qui te permet de régler des paramètres sur ton Raspberry Pi, des interfaces disponibles aux programmes en passant par le contrôle de l'appareil via un réseau. Cela peut paraître un peu intimidant pour les nouveaux arrivants, c'est pourquoi cette annexe te guidera à travers chacun des paramètres en t'expliquant leur utilité.

> **ATTENTION !**
>
> Il est conseillé de ne pas manipuler l'outil de configuration Raspberry Pi à moins d'être certain qu'un paramètre doit être modifié. Si tu ajoutes du nouveau matériel à ton Raspberry Pi, comme une carte complémentaire HAT audio, les instructions t'indiqueront quel paramètre modifier ; sinon, les paramètres par défaut doivent généralement être laissés tels quels.

Tu peux charger l'outil de configuration Raspberry Pi à partir du menu de Raspberry Pi, sous la catégorie **Préférences**. Il peut également être exécuté à partir de l'interface en ligne de commande ou du terminal en utilisant la commande `raspi-config`. La disposition de la version en ligne de commande est différente de celle de la version graphique – les options apparaissent par exemple dans différentes catégories. Cette annexe prend pour référence la version graphique.

Onglet Système

L'onglet Système (**Figure E-1**) présente des options qui contrôlent les paramètres du système Raspberry Pi OS.

Figure E-1   L'onglet Système

▸ **Mot de passe** : clique sur le bouton **Changer le Mot de Passe** pour définir un nouveau mot de passe pour ton compte utilisateur actuel.

▸ **Hostname** : le nom avec lequel un Raspberry Pi s'identifie sur les réseaux. Si tu as plusieurs dispositifs Raspberry Pi connectés au même réseau, ils doivent chacun avoir un nom unique afin de pouvoir les distinguer. Clique sur le bouton **Change Hostname** pour définir un nouveau nom.

▸ **Boot** : si tu règles ce paramètre sur **Vers le Bureau** (c'est-à-dire le paramètre par défaut), tu chargeras le bureau Raspberry Pi OS ; si tu le règles sur **Vers la Console**, tu chargeras alors l'interface en ligne de commande, comme décrit dans le Annexe C, *L'interface en ligne de commande*.

▸ **Connexion automatique** : lorsque ce paramètre est activé (par défaut), Raspberry Pi OS charge le bureau sans que tu aies besoin de saisir ton nom d'utilisateur et ton mot de passe.

▸ **Splash Screen** : lorsque ce paramètre est activé (par défaut), les messages de démarrage de Raspberry Pi OS sont masqués par un écran graphique (aussi appelé un splash screen).

▸ **Browser** : ce réglage te permet de choisir entre Google Chromium (le navigateur configuré par défaut) et Mozilla Firefox comme navigateur web par défaut.

Onglet Display

L'onglet Display (**Figure E-2**) contient des paramètres qui contrôlent l'affichage à l'écran.

Figure E-2   L'onglet Display

▸ **Screen Blanking** : ce paramètre permet d'activer ou de désactiver la fonction d'effacement de l'écran. Lorsque ce paramètre est activé, ton Raspberry Pi affiche un écran noir dès que tu ne l'utilises pas pendant quelques minutes. L'objectif de ce réglage est de protéger ton écran de télévision ou d'ordinateur de tout dommage qui pourrait être provoqué par l'affichage d'une image statique pendant de longues périodes.

▸ **Headless Resolution** : cette option permet de contrôler la résolution du bureau virtuel lorsque tu utilises le Raspberry Pi sans écran de télévision ou d'ordinateur, ce que l'on appelle le *mode sans écran*.

Onglet Interfaces

L'onglet Interfaces (**Figure E-3**) affiche les paramètres qui contrôlent les interfaces matérielles de ton Raspberry Pi.

Figure E-3   L'onglet Interfaces

▸ **SSH** : active ou désactive l'interface Secure Shell (SSH). Ce paramètre te permet d'ouvrir une interface en ligne de commande sur
Raspberry Pi depuis un autre ordinateur de ton réseau en utilisant
un client SSH.

▸ **VNC** : ce paramètre active ou désactive l'interface Virtual Network Computing (VNC). Il te permet d'ouvrir une interface en ligne de
commande sur Raspberry Pi depuis un autre ordinateur de ton réseau
en utilisant un client VNC.

▸ **SPI** : active ou désactive l'interface périphérique série (SPI), utilisée
pour contrôler certains composants qui se connectent aux broches du
connecteur GPIO de ton Raspberry Pi.

▸ **I2C** : active ou désactive l'interface de bus de circuit intégré (I²C),
utilisée pour contrôler certains composants qui se connectent aux
broches du connecteur GPIO.

▸ **Serial Port** : active ou désactive le port série de Raspberry Pi, disponible via des broches du connecteur GPIO.

▸ **Serial Console** : active ou désactive la console série, une interface en
ligne de commande disponible sur le port série. Cette option n'est disponible que si le paramètre Port Série ci-dessus est activé.

▸ **1-Wire** : active ou désactive l'interface 1-Wire, utilisée pour contrôler
certaines extensions matérielles qui se connectent aux broches du
connecteur GPIO.

- **Remote GPIO** : active ou désactive un service réseau qui te permet de contrôler les broches du connecteur GPIO de ton Raspberry Pi depuis un autre ordinateur de ton réseau à l'aide de la bibliothèque GPIO Zero. Pour plus d'informations sur les GPIO distants, consulte **gpiozero.readthedocs.io**.

Onglet Performance

L'onglet Performance (**Figure E-4**) présente les paramètres qui contrôlent les performances de ton Raspberry Pi.

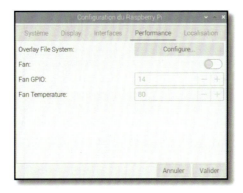

Figure E-4   L'onglet Performance

- **Overlay File System** : te permet de verrouiller le système de fichiers de ton Raspberry Pi pour que les modifications soient effectuées uniquement sur un disque virtuel en mémoire plutôt que d'être inscrites sur la carte microSD. De cette manière, les changements sont oubliés et l'appareil reprend son état initial à chaque redémarrage.

Les modèles de Raspberry Pi antérieurs à Raspberry Pi 5 disposent également des options suivantes :

- **Case Fan** : permet d'activer ou de désactiver un ventilateur de refroidissement optionnel connecté au connecteur GPIO du Raspberry Pi. Celui-ci est conçu pour maintenir le processeur au frais dans des environnements plus chauds ou sous une charge extrême. Un ventilateur compatible avec le boîtier officiel du Raspberry Pi 4 est disponible sur **rptl.io/casefan**.

- **Fan GPIO** : le ventilateur de refroidissement se connecte normalement à la broche 14 du GPIO. Si la broche 14 est déjà utilisée, tu peux spécifier ici une autre broche GPIO.

▶ **Fan Temperature** : la température minimale, indiquée en degrés Celsius, à partir de laquelle le ventilateur doit commencer à fonctionner. Tant que le processeur du Raspberry Pi n'atteint pas cette température, le ventilateur reste éteint pour préserver ta tranquillité.

Onglet Localisation

L'onglet Localisation (**Figure E-5**) contient des paramètres régionaux dans laquelle ton Raspberry Pi est installé, y compris les paramètres de disposition du clavier.

Figure E-5   L'onglet Localisation

▶ **Localisation** : te permet de choisir ta localisation, un paramètre système qui comprend la langue, le pays et le jeu de caractères. Remarque : le changement de langue ici modifiera uniquement la langue affichée dans les applications pour lesquelles une traduction est disponible. Il n'aura aucun effet sur les documents que tu as créés ou téléchargés.

▶ **Fuseau horaire** : te permet de choisir ton fuseau horaire, en sélectionnant la région du monde dans laquelle tu te trouves, suivie de la ville la plus proche de ta position. Si l'horloge n'affiche pas la bonne heure pour ta région alors que ton Raspberry Pi est connecté au réseau, cela veut généralement dire que tu as sélectionné le mauvais fuseau horaire.

▶ **Clavier** : te permet de choisir le type de clavier, la langue et la disposition qui te conviennent. Si ton clavier ne saisit pas les bonnes lettres ou les bons symboles, tu peux rectifier les choses ici.

▶ **Région du WiFi** : te permet de définir le pays à des fins de réglementation radio. N'oublie pas de bien sélectionner le pays dans lequel tu utilises ton Raspberry Pi : si tu sélectionnes un autre pays, il est possible que tu ne puisses pas te connecter aux points d'accès sans fil LAN environnants et que tu enfreignes les lois relatives à la radiodiffusion. Tu dois définir le pays avant de pouvoir utiliser la radio du réseau sans fil LAN.

Annexe F

Spécifications du Raspberry Pi

Le terme *spécifications*, ou caractéristiques techniques, désigne les différentes composantes et fonctionnalités d'un ordinateur. En analysant les spécifications, tu peux obtenir toutes les informations dont tu as besoin pour comparer deux ordinateurs. À première vue, ces spécifications peuvent sembler déroutantes. Tu n'as pas besoin de les connaître, ni même de les comprendre, pour utiliser un Raspberry Pi, mais si jamais tu es curieux, elles se trouvent ici.

Raspberry Pi 5

Le système sur puce (SoC) du Raspberry Pi 5 est un Broadcom BCM2712 ; si tu regardes de près, tu verras que c'est inscrit sur son couvercle métallique. Il comprend un processeur central (CPU) à quatre cœurs ARM Cortex-A76 de 64 bits, chacun fonctionnant à 2,4 GHz, ainsi qu'un processeur graphique (GPU) Broadcom VideoCore VII fonctionnant à 800 Mhz, pour les tâches vidéo et de rendu en 3D telles que les jeux.

Le système sur puce est connecté à 4 ou 8 Go de RAM (mémoire vive) LPDDR4X (Low-Power Double-Data-Rate 4) qui fonctionne à 4 267 MHz. Cette mémoire est partagée entre le processeur central et le processeur graphique. La fente pour l'insertion de la carte microSD prend en charge jusqu'à 512 Go de stockage.

Le port Ethernet prend en charge des connexions pouvant atteindre un gigabit (1 000 Mbps, 1000-Base-T), tandis que la radio prend en charge les réseaux Wi-Fi 802.11ac fonctionnant sur les bandes de fréquences 2,4 GHz et 5 GHz, ainsi que les connexions Bluetooth 5.0 et Bluetooth Low Energy (BLE).

Le Raspberry Pi 5 dispose de deux ports USB 2.0 et de deux ports USB 3.0 pour les périphériques. Il dispose également d'un connecteur pour un seul PCI Express (PCIe) 3.0 à haut débit. Avec un accessoire HAT optionnel, tu peux utiliser ce connecteur pour ajouter des disques SSD (Solid State Drive) M.2 à haut débit, des accélérateurs pour le Machine Learning (ML) et la vision par ordinateur (CV), ainsi que d'autres matériels.

Raspberry Pi 4 et 400

▸ **PROCESSEUR CENTRAL** : 4 cœurs Arm Cortex-A72 64-bit (Broadcom BCM2711) qui fonctionne à 1,5 GHz ou 1,8 GHz (Raspberry Pi 400)

▸ **PROCESSEUR GRAPHIQUE** : VideoCore VI, fonctionne à 500 MHz

▸ **MÉMOIRE VIVE (RAM)** : 1 Go, 2 Go, 4 Go (Raspberry Pi 400) ou 8 Go de LPDDR4

▸ **Réseau** : 1 Gigabit Ethernet, Wi-Fi double bande 802.11ac, Bluetooth 5.0, BLE

▸ **Sorties audio/vidéo** : 1 prise AV analogique de 3,5 mm (Raspberry Pi 4 uniquement), 2 micro-HDMI 2.0

▸ **Connectivité des périphériques** : 2 ports USB 2.0, 2 ports USB 3.0, 1 CSI (Raspberry Pi 4 uniquement), 1 DSI (Raspberry Pi 4 uniquement)

▸ **Stockage** : 1 microSD jusqu'à 512 Go (16 Go dans le kit Raspberry Pi 400)

▸ **Alimentation** : 5 V à 3 A via USB C, PoE (avec HAT supplémentaire, Raspberry Pi 4 uniquement)

▸ **Autres** : connecteur GPIO à 40 broches

Raspberry Pi Zero 2 W

▸ **PROCESSEUR CENTRAL** : 4 cœurs Arm Cortex-A53 64-bit (Broadcom BCM2710) qui fonctionne à 1 GHz

▸ **PROCESSEUR GRAPHIQUE** : VideoCore IV, fonctionne à 400 MHz

▸ **MÉMOIRE VIVE (RAM)** : 512 Mo de LPDDR2

▸ **Réseau** : Wi-Fi à bande unique 802.11b/g/n, Bluetooth 4.2, BLE

- ▸ **Sorties audio/vidéo** : 1 × Mini-HDMI

- ▸ **Connectivité des périphériques** : 1 Port Micro USB OTG 2.0, 1 x CSI

- ▸ **Stockage** : 1 microSD jusqu'à 512 Go

- ▸ **Alimentation** : 5 volts à 2,5 ampères via micro USB

- ▸ **Autres** : empreinte pour connecteur GPIO à 40 broches